金属と分子集合
―最新技術と応用―

Metals and Molecular Organizations
―Advanced Technologies and Applications―

監修：松尾　豊
Supervisor: Yutaka Matsuo

シーエムシー出版

刊行のねらい

　有機分子や金属錯体を集合させて望みの分子配列を作り，理想的な分子集合体の形状をつくることは，材料科学，生体科学，触媒科学等の分野において，重要性を増している．挑戦的な課題であると同時に，それを達成できれば，新しい機能の発現や大幅な特性の向上が期待されるため，基礎科学および応用科学の両方においてその研究が活発化している．最近の合成技術と分析技術の発展から，この課題に対してより積極的に取り組むことが可能になってきている．分子集合とそれによる機能創発の考え方自体は，Jean-Marie Lehn による超分子科学の提唱以来存在しているが，基礎研究と応用研究の距離が狭まった現在において，新たな局面を迎えている．本書では，9人の若手科学者が，それぞれの視点から，分子や金属の集合を鍵とした組織構造の構築ための最新技術，および，その応用について述べている．具体的には，蛋白質中やペプチド上への金属集積，金属クラスターの精密合成，分子集合を利用した多環芳香族化合物，高分子化合物の集積と新しい合成高分子化学，および，電子ペーパー，有機薄膜太陽電池への応用研究，さらには，分子集合のキャラクタリゼーションについてとりあげられている．本書は，大学院生，博士研究員，大学の若手教員，企業の若手研究者らを主とした読者として想定しているが，学部学生でも最新の研究の香りがわかるように背景から平易に書かれており，また，シニアな専門家にとっても役立つ最新情報が記載されている．

　2010 年 11 月

松尾　豊

―――― 執筆者一覧（執筆順）――――

松尾　　豊　東京大学　大学院理学系研究科　特任教授（総論，第7章）
上野　隆史　京都大学　物質―細胞統合システム拠点　准教授（第1章）
高谷　　光　京都大学　化学研究所　元素科学国際研究センター　准教授
　　　　　　㈱科学技術振興機構　さきがけ「構造制御と機能」（第2章）
根岸　雄一　東京理科大学　理学部　応用化学科　講師（第3章）
吉沢　道人　東京工業大学　資源化学研究所　准教授（第4章）
竹内　正之　㈱物質・材料研究機構　ナノ有機センター　高分子グループ
　　　　　　グループリーダー（第5章）
植村　卓史　京都大学　大学院工学研究科　合成・生物化学専攻　准教授（第6章）
樋口　昌芳　㈱物質・材料研究機構　国際ナノアーキテクトニクス研究拠点
　　　　　　独立研究者／グループリーダー（第8章）
吉本　惣一郎　熊本大学　大学院先導機構　特任助教（第9章）

目　次

刊行のねらい

総　論（松尾　豊） …………………………………………………………… 1

第1章　配位化学による蛋白質集合体の機能設計（上野隆史）

1.1　はじめに …………………………………………………………………… 5
1.2　蛋白質集合体の機能化 …………………………………………………… 6
1.3　蛋白質集合体内部空間での金属微粒子合成 …………………………… 8
1.4　蛋白質集合体内部空間への金属錯体集積 ………………………………10
1.5　新しい巨大蛋白質の使い方―"部品蛋白質"の概念 …………………14
　　1.5.1　金微粒子形成によるチューブ蛋白質のテトラポッド構造体への集積制御……14
　　1.5.2　カップ状空間への鉄ポルフィリン錯体集積による触媒反応場の構築……16
　　1.5.3　部品蛋白質からの超好熱性蛋白質の作成………………………17
1.6　固体材料としての蛋白質結晶 ……………………………………………19
　　1.6.1　X線結晶構造解析による金属イオン集積過程解明………………20
　　1.6.2　様々な形状や組成を持つ無機材料の合成………………………20
　　1.6.3　機能集積―ミオグロビン結晶への分子集積………………………21
1.7　まとめと展望 ………………………………………………………………22

第2章　メタル化ペプチドを用いる金属の精密集積制御
　　　　―組成・配列・空間配置制御と機能開拓―（高谷　光）

2.1　はじめに ……………………………………………………………………25
2.2　錯体化学的手法による金属集積化 ………………………………………25
2.3　メタル化アミノ酸およびメタル化ペプチドの開発 ……………………28
2.4　メタル化ペプチドの超音波ゲル化と金属集積制御 ……………………32
2.5　異種金属集積型ペプチドの開発と機能開拓 ……………………………38
2.6　おわりに ……………………………………………………………………39

第3章　金クラスターの精密合成・構造・物性およびその高機能化 （根岸雄一）

- 3.1　はじめに ……………………………………………………………………43
- 3.2　精密合成法 …………………………………………………………………44
- 3.3　安定性・構造・物性 ………………………………………………………45
- 3.4　高機能化への取り組み ……………………………………………………47
  - 3.4.1　機能性有機配位子との複合化 ………………………………………47
  - 3.4.2　異原子ドープ …………………………………………………………49
- 3.5　その他の金属クラスター―銀クラスターの研究例― ……………………52
- 3.6　まとめと今後 ………………………………………………………………53

第4章　自己組織化を利用した有限分子集積 （吉沢道人）

- 4.1　はじめに ……………………………………………………………………57
- 4.2　箱型錯体の設計と構築 ……………………………………………………58
- 4.3　極性芳香族分子の段階的集積化 …………………………………………59
- 4.4　混合原子価状態の安定化 …………………………………………………60
- 4.5　ヌクレオチドのペア選択的集積化 ………………………………………61
- 4.6　平面状金属錯体の集積化 …………………………………………………62
- 4.7　包接によるスピンクロスオーバー ………………………………………64
- 4.8　インターロック高次集積化 ………………………………………………65
- 4.9　おわりに ……………………………………………………………………66

第5章　動的分子認識素子を利用した分子集合体構築 （竹内正之）

- 5.1　はじめに ……………………………………………………………………69
- 5.2　共役系高分子配列における動的分子認識の利用 ………………………71
  - 5.2.1　高分子の二次元配列 …………………………………………………73
  - 5.2.2　共役系高分子の交互配列 ……………………………………………78
  - 5.2.3　共役系高分子の高次元配列 …………………………………………79
- 5.3　おわりに ……………………………………………………………………81

第6章　金属錯体ナノ空間における高分子化学 （植村卓史）

- 6.1　はじめに ……………………………………………………………………83
- 6.2　多孔性金属錯体とは ………………………………………………………84
- 6.3　ビニルモノマーのラジカル重合制御 ……………………………………85
- 6.4　触媒細孔を用いた機能性π共役高分子の制御合成 ……………………89

6.5　錯体ナノ細孔内に拘束された高分子の特異物性 …………………………… 91
　6.6　無機高分子の制御合成 …………………………………………………………… 93
　6.7　おわりに …………………………………………………………………………… 94

第7章　フラーレン誘導体の分子集合と有機薄膜太陽電池（松尾　豊）

　7.1　はじめに …………………………………………………………………………… 97
　7.2　フラーレン誘導体集合体の精密構築のための戦略 ………………………… 98
　7.3　フラーレン誘導体の分子集合 ………………………………………………… 100
　　7.3.1　フラーレン誘導体の結晶中・液晶中におけるカラム状配列 ………… 100
　　7.3.2　フラーレン金属錯体液晶の分子集合 ……………………………………… 103
　　7.3.3　フラーレン誘導体の結晶中・液晶中における層状配列 ……………… 104
　　7.3.4　フラーレン誘導体の3次元結晶 ……………………………………………… 106
　　7.3.5　フラーレン誘導体の基板上での2次元分子集合 ………………………… 107
　　7.3.6　フラーレン誘導体の熱結晶化による分子配列 ………………………… 110
　7.4　フラーレン誘導体の分子配列を組み込んだ有機薄膜太陽電池 ………… 111
　　7.4.1　有機薄膜太陽電池向けフラーレン誘導体開発の歴史 ………………… 111
　　7.4.2　新規フラーレン誘導体SIMEFを用いた有機薄膜太陽電池 …………… 113
　7.5　おわりに ………………………………………………………………………… 117

第8章　有機／金属ハイブリッドポリマーの機能と表示デバイス応用（樋口昌芳）

　8.1　電子ペーパーの駆動方式 ……………………………………………………… 119
　8.2　電子ペーパーの課題 …………………………………………………………… 121
　8.3　最新のエレクトロクロミック材料 …………………………………………… 122
　8.4　有機／金属ハイブリッドポリマー …………………………………………… 123
　8.5　有機／金属ハイブリッドポリマーの特性とデバイス化 ………………… 125
　8.6　まとめと将来展望 ……………………………………………………………… 128

第9章　表面における金属錯体の分子集合とその展開（吉本惣一郎）

　9.1　はじめに ………………………………………………………………………… 131
　9.2　ポルフィリン・フタロシアニン単分子膜 …………………………………… 132
　9.3　ポルフィリン誘導体による超分子構造体の形成 ………………………… 134
　9.4　ポルフィリン・フタロシアニン混合膜の表面構造制御 ………………… 136
　9.5　フラーレン・ポルフィリン超分子界面 ……………………………………… 138
　9.6　おわりに ………………………………………………………………………… 140

索引 ………………………………………………………………………………… 143

総　論

松尾　豊　(Yutaka Matsuo)
東京大学　大学院理学系研究科　特任教授

　単一の分子で機能をもつものは，例えば，精密有機合成に用いられる均一系遷移金属錯体触媒がある．しかしながら，分子1つだけ働かせて現実に役立てるよりも，多数の分子の協働作用で機能をもたせようとするとき，新しい機能の発現を含めた無限の可能性が開けてくる．その際，分子どうしの相互の位置関係が重要になってくる．分子の集合体がその機能を発揮しているとき，その分子の並び方や収まり方には意味がある．研究者が思い通りの位置関係で分子を並べたり収めたりするとき，分子間の相互作用を考慮し，分子集合体の形を頭に思い描く．また，分子集合体の結晶性を考慮し，分子の充填構造を想像する．

　具体例を示す．有機EL素子や有機薄膜太陽電池などの有機エレクトロニクスデバイスが今世紀に入って注目され，研究が活発に行われてきている．有機EL素子において，現在の常識では，有機層中，有機分子はランダムにつまっていて，アモルファスな薄膜のほうが良いとされている．これは薄膜は均一であるべきで，分子がきちんと組織構造を作った結晶性の箇所が一部あると，結晶の収まり具合が悪いところが欠陥のように働き，その部分が焼けて光らないダークスポットになってしまうからである．しかし，この常識が覆される可能性はゼロとはいえない．有機薄膜中，望みの分子組織構造を，薄膜面全体にわたって均一に構築することが可能になると，均一で欠陥がなく高い耐久性をもち，かつ，分子の理想的な組織構造中を効率良く電荷が流れて低電圧で駆動する，有機EL素子ができるかもしれない．

　このようなパラダイムシフトは有機薄膜太陽電池の研究においてみられる．有機薄膜太陽電池において，有機半導体分子を組織化することで望みの集合構造をつくることにより，電荷が流れやすい状態になり，取り出す電力の増大，ひいては光電エネルギー変換効率の向上に寄与する．このような分子集合体の組織化による効率向上は，2003年あたりから，熱や溶媒によるアニール効果として知られていた．ごく最近では，もともとよく用いられていた導電性高分子に代わり，有機薄膜中でのより積極的な分子組織体構造の構築を目指した小分子の利用も行

総論

われている．同程度の温度の熱によって分子の集合状態が変化する電子供与分子と電子受容分子を用いて，光電変換活性層中において加熱により平面型の電子供与体と球状の電子受容体を自発的に相分離させ，望みの組織構造を得ようというものである（第7章）．

生体内においても，生体分子集積体が機能を司っている．その中でもごく最近では，メゾ領域といわれるナノメートルサイズの領域とマイクロメートルサイズの領域の間にまたがる分子集合体群の精密構築と機能設計に興味がもたれている（第1章）．また，その精密構造構築の足掛かりと新規な機能の発現のために，ペプチド上の金属原子の配列に着目した興味深い研究例もある（第2章）．これらの分子集合体については，メタルドラッグ，抗癌剤，ドラッグデリバリー試薬など医療分野での応用が期待されている．

また，最近では，金属原子そのものの集積化においても，金属原子数がそろった単分散な金属原子集合体（クラスター）が単離できるようになってきている（第3章）．しかもその単離された組成が均一な金属クラスターについて，単結晶X線構造解析がなされている．構造決定が行われることにより，さらに積極的な機能設計への道が開け始めている状況である．このような単一成分金属クラスターは量子ドットとして均一な特性を示し得るし，その電子材料，触媒，生体関連材料としての応用に興味がもたれている．

多環芳香族分子や高分子化合物を集積，配向，配列させるために，巨大な箱状の金属錯体やアライナーと呼ばれる架橋ホスト分子が用いられている（第4章および第5章）．混合原子価状態の安定化やスピンクロスオーバーの発現など特異的な機能がみられるほか，半導体物性をもつ有機π電子共役系やπ共役系高分子の配列が可能になるため，将来の有機エレクトロニクスデバイスにおける基盤技術の深化に貢献するものとして期待されている．また，集積型高分子錯体中の特異な空間を利用して，望みの立体規則性や分子量をもつ高分子材料を合成しようとする研究がある（第6章）．ジャングルジムのような空間を利用して，π共役系高分子を配列させた状態で合成することも可能になる．このような新しい合成高分子化学の発展から，生体および電子材料科学の分野におけるシーズが創出されるものと期待される．

金属原子と有機分子，あるいは，有機分子どうしの集積化と組織化は，応用研究でも重要な鍵を握っている．酸化還元活性な金属原子と電子供与基・求引基で電子密度を調節した複数の配位部位を有する有機配位子を組み合わせることにより，カラフルな色を呈する一連の有機金属ポリマー群が得られる．中心金属を酸化することにより，金属から配位子への電子遷移がなくなり，呈色がなくなる．このことを利用して，カラー電子ペーパーデバイスを作製しようという試みがある（第8章）．また，分子と分子の集合機序を明らかにして望みの組織体を構成し，それを有機薄膜デバイス，とりわけ，有機薄膜太陽電池に応用する研究がある（第7章）．これらの応用研究において，機能性分子そのものの研究が行われると同時に，分子集合体の構造を望み通り構築する研究が推進されるが，特に後者は今後ますます重要になっていくと考えられる．

これまで述べたように，分子の設計が重要であることには変わりがないが，分子集合体の設計が，挑戦的な科学的課題として，あるいは，応用研究において実につながる技術として，今後ますます注目されてくると考えられる．このような状況の中で，分子集合体の構造のキャラクタリゼーションは，研究を進展させる上で不可欠な要素として，重要性を増してくると考えられる（第9章）．走査型プローブ顕微鏡や電子顕微鏡の性能も日進月歩で進歩していて，分子集合の科学と技術に対し，多大な貢献をもたらそうとしている．

　以上のような最新の研究の状況を鑑みて，本書では，分子や金属の集合を鍵とした組織構造の構築のための最新技術，および，その応用について述べる．具体的には，蛋白質中における金属集積，ペプチド上への金属集積，金属クラスターの精密合成，分子集合を鍵とした多環芳香族化合物，高分子化合物の集積と新しい合成高分子化学，および，電子ペーパー，有機薄膜太陽電池への応用研究，さらには，分子集合のキャラクタリゼーションについてとりあげた．本書における試みとして，執筆時において30代後半から40代前半までの若手研究者が執筆を担当した．大学の独立行政法人化，均等配分型の研究資金から競争的研究資金へのシフト，急激な情報化，グローバリゼーションなど，変化が少なくなかった時代に博士の学位を取得して研究者として駆け出した執筆陣であるが，より若手の読者（大学院修士・博士課程学生や博士研究員，若手教員・研究者）に何らかの気づきと刺激を提供でき，それが少しでも科学技術研究の活性化につながれば幸甚である．また，年配の読者からは，長期的視点と広い視野を与えるコンストラクティブなご意見を賜ることができれば幸いである．

　本書の9人の執筆者は，日本化学会に設置されている新領域研究グループ「金属と分子集合」[1,2]のメンバーである．知識と技術の交流と再編成を通して，発想のジャンプアップとグ

写真　日本化学会新領域研究グループ「金属と分子集合」メンバー．上段左から，上野，根岸，吉沢，竹内．下段左から，吉本，植村，松尾，高谷，樋口．

総 論

ローバルな研究活動の活性化を模索中である．こちらにもご支援賜ることができれば，幸甚である．

〈参考文献〉
1) http://metal.csj.jp/
2) 化学と工業, **61**(4), 457 (2008)

第1章
配位化学による蛋白質集合体の機能設計

上野隆史　(Takafumi Ueno)
京都大学　物質―細胞統合システム拠点　准教授

1.1 はじめに

　生命は様々な化学反応が巧みに集積された分子システムである．その駆動には，緻密な分子的レベルの仕掛けが必要であり，生体はアミノ酸や核酸塩基等の分子ユニットから構成される蛋白質やDNA等の生体分子をナノスケール，メゾスケール，マイクロスケールの様々なサイズの機能集合体に集積化し，究極の分子機能統合システムである細胞を作る（図1.1）．このとき，細胞内の生化学的，電気的な反応の大部分は蛋白質が担っている．実際に細胞内で蛋白質が酵素反応やイオンチャネル，シグナル伝達等の機能を獲得するためには，いくつもの蛋白質単量体が自己集合した"巨大蛋白質"を作る必要がある．この分子サイズがメゾ領域（数十-数百nm）であり，組織と分子の境界線となる（図1.1）[1]．これらの蛋白質複合体機能に配位化学が密接に関与している例は少なくない．光合成，窒素固定等の重要な生体反応は，金属活性中心によって駆動されており，生命維持に極めて重要な体内の金属イオンの貯蔵や運搬，生体無機材料の形成にも，配位化学が巧みに利用されている[2]．つまり，これらの化学反応を配位化学的に理解することができれば，天然には存在しない金属錯体の反応を蛋白質空間内で制御したり，蛋白質を土台とした新しい金属集積材料の合成が可能となる．そのような試みは，環境低負荷型触媒設計の観点からも非常に興味深いものであり，古くは赤堀四郎らによる絹へのパラジウム触媒担持触媒や[3]，70年代のWhitesidesらによるロジウム錯体／蛋白質複合体による不斉水素化反応が報告されてきた[4]．当時は，金属錯体／蛋白質複合体のキャラクタリゼーションや分子生物学的手法が乏しく，反応機構の解析や性能向上への分子設計は困難であった．しかしながら，最近の驚異的な蛋白質X線結晶構造解析技術の進歩により，蛋白質構造情報をベースとした詳細な議論も可能となったことから，蛋白質の内部空間を積極的に利用した金属錯体の機能制御や金属材料合成の研究が再び注目を集めている[5-9]．つまり，化学

第1章　配位化学による蛋白質集合体の機能設計

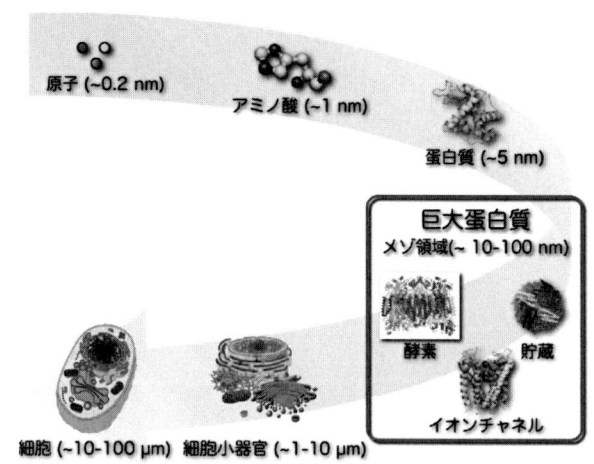

図 1.1　生体分子集積体の構造とサイズの関係

者が，分子量数万の単量体蛋白質から分子量百万を超える蛋白質複合体までの幅広いサイズの蛋白質を小さな配位子を取り扱うかのごとく利用できるのである．特に蛋白質超分子構造体は球状や筒状といった様々な孤立空間を形成するため，非常に魅力的な金属錯体反応場になるばかりでなく，「様々な機能の付加が容易であり，かつ原子レベルで構造が明らかな単分散高分子」としてこれまでの合成分子を凌駕する精密反応場を我々に提供する．つまり，蛋白質内部や外部表面への遺伝子工学的手法や，化学修飾による様々な機能導入により，精密な材料合成や化学反応制御を行うのに適した分子テンプレートの設計が可能となった．その応用展開へ向けた最初のステップとして巨大蛋白質によって形成される特異なメソ空間に着目し，その内部で起こる化学反応の設計や観察を目指した研究が近年多く報告されるようになってきた．本章ではそれらの機能材料としての新しい可能性を議論していきたい．

1.2　蛋白質集合体の機能化

　蛋白質集合体の特徴の一つに，外界から孤立した有限なサイズの空間を形成することが挙げられる．この空間は，数十から数千の蛋白質からなり，内部表面には，アミノ酸残基が規則正しく配列されている．また，サブユニットあたり1カ所の修飾は，蛋白質集合体では，サブユニットの数だけコピーされることになる．したがって，内部や外部表面への化学修飾や機能性分子の集積により，蛋白質集合体のナノ空間を特異的な反応場とした分子リアクターや分子テンプレートを作成できる．実際に蛋白質を反応場として利用するための最も重要な鍵は，用いる蛋白質の選定である．必要な条件は，①入手が容易なこと，②様々な反応条件（温度，pH，有機溶媒等）に対して安定なこと，③単結晶構造解析レベルの分子構造が明らかなこと，であ

る．この条件を全て満たせば分子の大きさや形に制限なく目的に合う蛋白質を分子テンプレートとして利用できる．最も報告の多いフェリチン（Fr）は熱やpHに安定な鉄貯蔵蛋白質として知られており，外径12 nm，内径8 nmの24量体から成る球状複合体である（図1.2）[10]．他にも，金属イオン集積や機能性分子導入のテンプレートとして盛んに用いられている蛋白質として，フェリチンと同様に24量体構造を形成するスモールヒートショックプロテイン（sHsp）がある（図1.3(a)）．この蛋白質の内部空間は，直径6.5 nmだが，フェリチンより大きな3 nmのチャネルを有している（図1.3(a)）．また，ササゲクロロティックモットルウィルス（CCMV）は，180量体からなるRNAウィルスであり，直径18 nmの内部空間を有する．この蛋白質の特徴は，pHによってチャネルの大きさが変化することであり，pHに応答したゲスト分子の取り込み制御が可能となる（図1.3(b)）．同様の球状構造を持つササゲモザイクウィルス（CPMV）は，正二十面体対称をとり，60個のサブユニットから構成されている（図1.3(c)）．その他，長さ300 nm，直径18 nmの螺旋対称チューブ構造をとるタバコモザイクウィルスや蛋白質のフォールディングを助けるシャペロニン蛋白質などが金属微粒子のナノテンプレートとして用いられているが，それらの詳細な説明については他の総説に譲りたい[7,8]．本章では，球状構造を持つ蛋白質集合体に焦点を絞り，内部空間への金属イオン集積による機能化について紹介する．

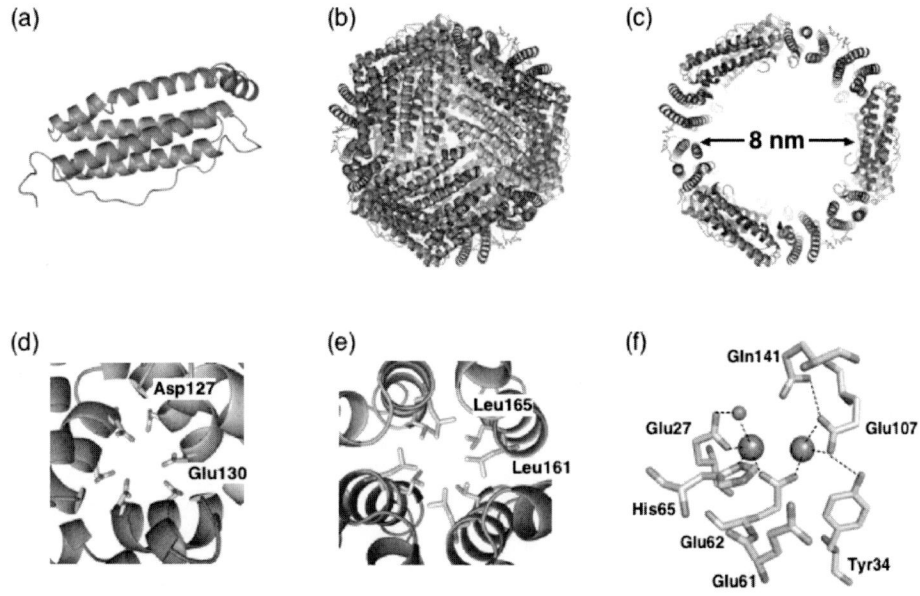

図1.2 Lフェリチンの結晶構造．(a)サブユニット，(b)三回対称軸からみた全体構造，(c)内部空間構造，(d)三回対称軸構造，(e)四回対称軸構造，(f)Hフェリチンのフェロオキシダーゼセンター構造（構造は，亜鉛が結合した構造）（PDB ID, 1DAT for a-d, 2CEI for F）．

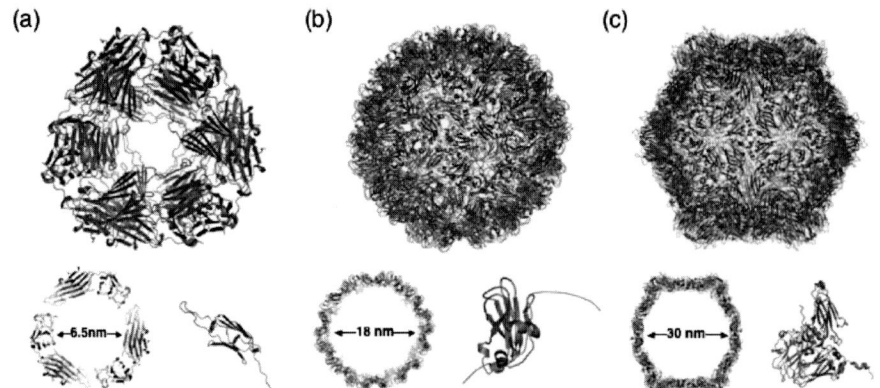

図 1.3 球状超分子蛋白質の全体構造と内部空間，サブユニット構造．(a)スモールヒートショックプロテイン（sHsp）（PDB ID：1SHS），(b)ササゲクロロティックモットルウィルス（CCMV）（PDB ID：1ZA7），(c)ササゲモザイクウィルス（CPMV）（PDB ID：1NY7）．

1.3　蛋白質集合体内部空間での金属微粒子合成

　球状蛋白質をテンプレートとする金属イオン集積や金属微粒子合成には，フェリチンが多く用いられてきた．フェリチンは，図 1.2(d)で示す三回対称軸チャネルから鉄イオンを取り込み，内部に酸化鉄の状態で鉄を貯蔵している．この際，酸化鉄は，フェリチン内部で合成されるため，酸化鉄微粒子の大きさがフェリチンの内部空間より大きくなることはなく，均一なサイズの微粒子が形成する．したがって，フェリチンの金属微粒子形成能を酸化鉄以外の金属イオンに応用できれば，粒子サイズが揃った様々な金属材料の合成が期待できる．このような試みは，90年代にイギリスのS. Mannらによって多数報告されている．彼らは，フェリチンから酸化鉄を取り除いたアポフェリチン内部に鉄イオンを導入し，酸化させることで磁性酸化物，マグネタイト（Fe_3O_4）およびマグヘマイト（$\gamma\text{-}Fe_2O_3$）を人工的に合成した（図 1.4(a)）[11]．電子顕微鏡で酸化鉄のサイズを観察すると直径 7.3 ± 1.4 nm となり，均一な粒子径を持つことがわかった．この実験により，球状蛋白質の内部空間がナノサイズの金属微粒子の合成反応場として利用できることが初めて示された．その後，フェリチン内部空間を利用した金属微粒子合成は，急速に発展し，酸化鉄以外にも酸化マンガン，酸化コバルト，硫化鉄などがフェリチン内部で合成されている（図 1.4(b)）．また，金属イオンをフェリチン内部表面のアミノ酸残基に結合させ，その後，$NaBH_4$ などの還元剤によって還元すれば，金，銀，銅，パラジウムなどのゼロ価金属粒子もフェリチン内部で合成できる（図 1.5(a)）．一方，銀イオンの還元は，銀イオンに特異的に結合するペプチドフラグメント（NPSSLFRYLPSD，AG4）を用いて作成された（図 1.5(b)）．まず，AG4ペプチドを遺伝子工学的手法によりフェリチンサブユニットの

C末端に導入することで，内部空間にAG4ペプチドを配置させる．AG4ペプチドに配位した銀イオンは，フェリチン内部空間でゼロ価に還元され，さらに結晶性の銀粒子が作成された[12]．このように，金属結合ペプチドをアミノ酸置換により蛋白質内部に導入すれば，金属粒子のサイズのみならず，結晶格子までも制御した微粒子合成が可能となる．また，Pd微粒子を内包したフェリチンは，オレフィンの水素化反応を触媒し，フェリチンの内部空間が触媒反応の反応場として有用であることも示された（図1.5(c)）[13]．

フェリチン以外にもsHspやCCMVなどを利用した金属微粒子合成も行われており，sHsp内部で合成した白金微粒子は，エチレンジアミン四酢酸（EDTA），$Ru(bpy)_3^{2+}$（bpy = bipyridine），メチルビオロゲン存在下，プロトンを還元して水素を生成する[14]．特に，sHspは熱に対して非常に安定な蛋白質であるため，金属微粒子を用いた触媒反応へのさらなる展開が期待できる．

CCMVは，pH 6.5以上では，単量体蛋白質間に隙間ができ，全体のサイズも大きくなる特徴がある．pHが低くなるとこの隙間が閉じるため，pHの変化によってゲスト分子の取り込み制御が可能となる．また，CCMVの内部表面は，アルギニンやリシンなどのカチオン性アミノ酸残基が存在しているため，内部表面全体で正電荷を帯びている．pH依存のサイズ変化と表面電荷を利用してpH 6.5でアニオン性イオンのタングステン酸イオン（WO_4^{2-}）を取り込み，pH 5にして内部に閉じ込め，ポリタングステン酸（$H_2W_{12}O_{42}^{10-}$）が作成された（図1.6(a)）[15]．もう一つのゲスト分子の導入例として，ポリマーの導入が挙げられる．pH 7.5でアニオン性ポリマー（polyanetholesulphonic acid）と混合し，pHを4.5にするとポリマーがCCMV内部に導入された．さらに，生体高分子である蛋白質までもCCMV内部に取り込むことができる．pH 7.5でヘム蛋白質の酸化酵素であるhorseradish peroxidase（HRP）と混合し，pH 5にすることでHRPを内部に取り込み，ゲル濾過クロマトグラフィーや電子顕微鏡観察，蛍光測定によってHRPの取り込みを確認している．また，HRP内包CCMVは酸化活性を持つことが示された（図1.6(b)）[16]．

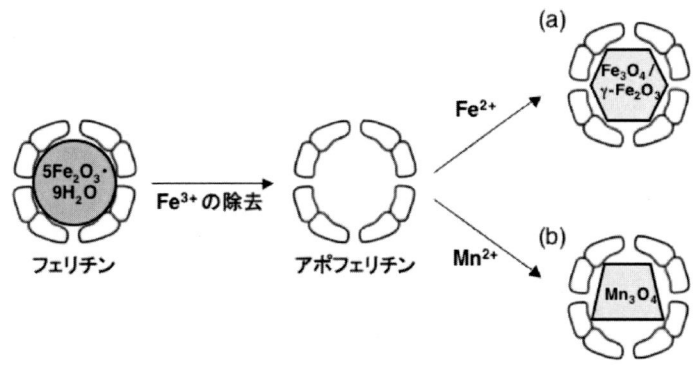

図1.4　フェリチン内部での金属酸化物合成

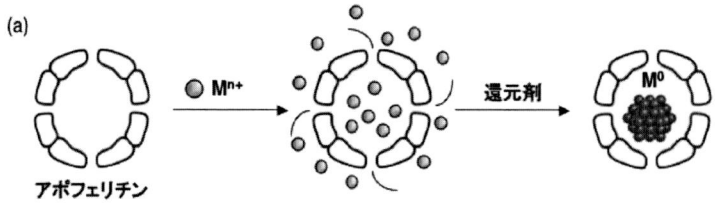

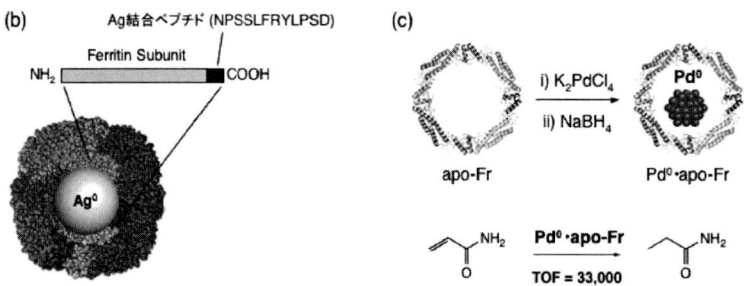

図 1.5 (a)アポフェリチン内部での金属微粒子合成, (b)Ag 結合ペプチドを用いた Ag^0 粒子の作成, (c)Pd^0・アポフェリチンを用いた水素化反応

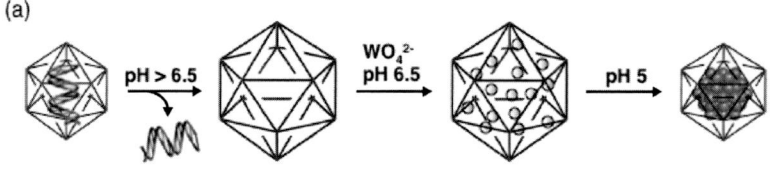

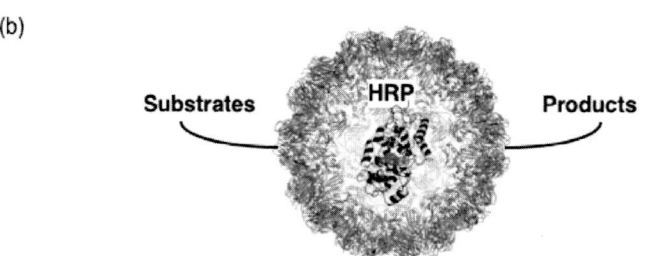

図 1.6 (a)CCMV 内部でのポリタングステン酸の作成, (b)HRP 内包 CCMV による酸化反応

1.4 蛋白質集合体内部空間への金属錯体集積

　ここまで, 球状蛋白質の内部空間を用いた金属微粒子合成について示してきた. 金属微粒子以外にも, 触媒反応, レドックス反応, メタルドラッグとして機能する金属錯体の蛋白質ナノ

1.4 蛋白質集合体内部空間への金属錯体集積

空間への取り込みが報告されている．これは，蛋白質集合体のナノサイズ空間を利用することで，複数の金属錯体を一度に集積することができるためである．金属錯体を蛋白質内部に導入する方法としては，①アミノ酸残基との共有結合による化学修飾，②配位結合，③球状蛋白質内部空間への内包などが挙げられる．

①のアミノ酸残基の化学修飾では，金属錯体の配位子にハロゲン化アセチル，マレイミド，サクシイミド基を導入し，システインやリシン残基の側鎖との反応により，蛋白質の特異的部位に共有結合的に固定化することができる．ウィルス球状蛋白質，ササゲモザイクウィルス（CPMV）は，60個のサブユニットによって形成される巨大蛋白質であり，各サブユニットには，5個のLys残基が外部表面にある．フェロセンのサクシイミド誘導体と反応させると約240個ものフェロセン錯体がCPMV表面に結合した複合体を作ることができる（図1.7)[17]．

②の配位結合による金属錯体の集積では，金属錯体と混合するだけで，蛋白質内部空間に集積させることができる．我々が報告したPd(allyl)錯体の特徴は，フェリチン内部では単核構造として存在せず，システインを架橋配位子とした二核構造を形成する点にある（図1.8)．こ

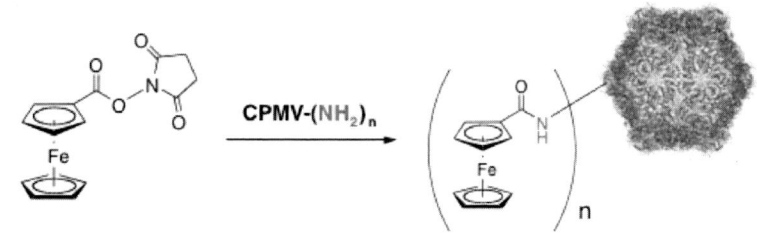

図1.7　CPMV表面へのフェロセン錯体の固定化

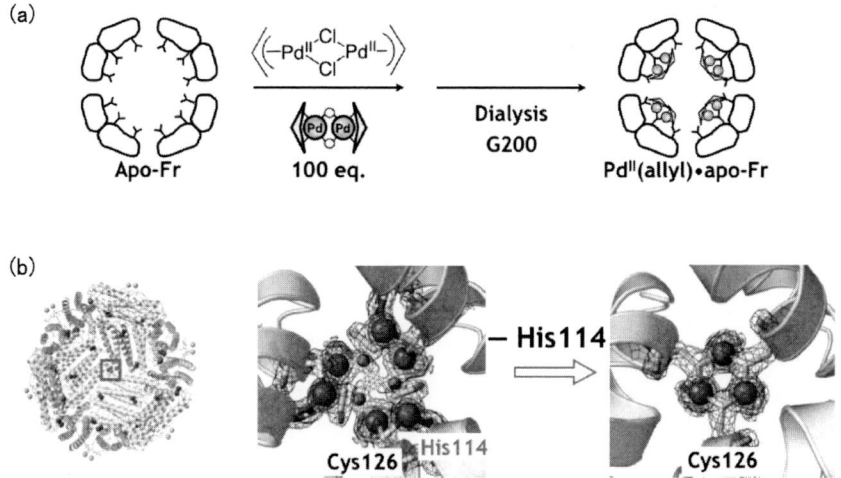

図1.8　(a)アポフェリチン内部へのPd(allyl)錯体の導入，(b)Pd(allyl)/アポフェリチン複合体の結晶構造

の構造によって，Pd中心はフェリチン中で多くのアミノ酸と結合することなしに平面四配位構造の保持を容易にしていると考えられる．また，三回対称軸チャネルのPd結合部位に存在する補助配位子のヒスチジンをアラニンに置換すると，三回対称軸チャネルでは，特徴的な二核三中心クラスターから三核クラスターへの劇的な構造変換が誘起される（図1.8(b))[18]．さらに，触媒反応を評価したところ，野生型フェリチンのPd(allyl)の複合体は，鈴木-宮浦カップリング反応を触媒するが，ヒスチジンをアラニンに置換した変異体の複合体では，三回対称軸チャネルが三核クラスターに塞がれ，基質の取り込みが抑制されるために，触媒活性の低下が見られた（図1.8(b)）．また，Pd(allyl)錯体と類似の配位構造を持つRh(nbd)錯体をフェリチン内部の孤立空間表面に固定化し，重合反応を試みた（図1.9(a))[19]．フェリチンの内部孤立空間には，限られた数のモノマーだけが取り込まれるため，内部で合成される重合体は，溶液中に比べ小さな分子量や，分子量分布の狭いポリマーの重合が進むと考えられる．実際に，フェニルアセチレンの重合反応を行ったところ，フェリチンなしでは重合体がバッファー溶液に難溶であり，分子量6万程度の分布の広い重合体（Mw/Mn = 21.4）を与えるが，フェリチン内の反応では，分子量1万程度の水中に比べ分布の狭い重合体（Mw/Mn = 2.1）を与えるこ

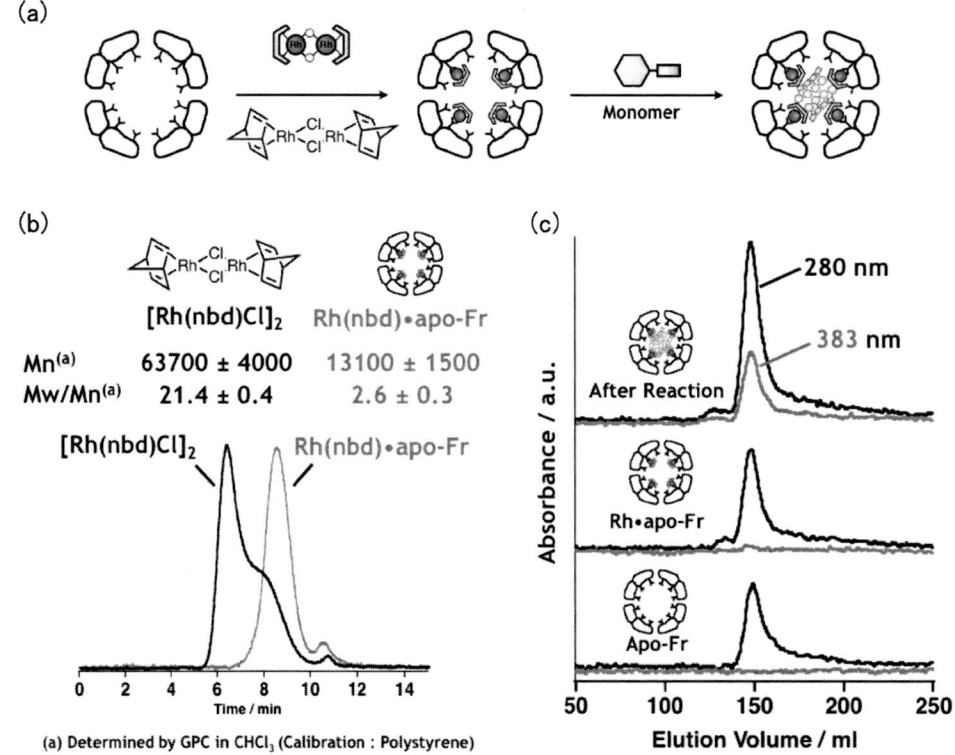

図1.9 アポフェリチン内部へのRh(nbd)錯体の導入(a)，合成された重合体のゲル浸透クロマトグラフィー解析(c)と，フェニルアセチレン反応後のG200ゲルろ過カラムの溶出チャート(b)

とがわかった（図1.9(b)）．さらに，反応後のサイズ排除クロマトグラフィーの結果からは，重合反応途中もフェリチンのケージが壊れることなく，反応が促進されていることがわかった（図1.9(c)）．このように，適切な触媒をフェリチン内部に固定化することによって，フェリチンの内部空間を，不均一系反応から均一系反応まで，幅広い触媒反応を駆動する分子空間として利用できることがわかった．

同様の手法を用いて，抗がん剤であるシスプラチンの導入を試みた例も報告されている．まず，$[PtCl_4]^{2-}$イオンとフェリチンを反応させ，Pt^{2+}イオンを内部に取り込ませた後に，NH_4^+-NH_3バッファーを加えるとフェリチン内部でPt^{2+}イオンにNH_3が配位し，シスプラチンが合成される．ICPによるPtの定量からフェリチンあたり15個のシスプラチンが内包されたことが明らかとなった（図1.10(a)）[20]．

③の金属錯体の蛋白質空間への内包は，超分子蛋白質のサブユニットの解離や再結合を利用しても可能である．フェリチンは，pHを2にすると24量体構造がサブユニットに解離し，pH 7で再び集合体を形成する性質を持つ．この性質を利用し，核磁気共鳴画像法（MRI）造影剤であるGd錯体（Gd-HPDO3A）がフェリチン1分子あたり約10個取り込まれることが示された（図1.10(b)）．フェリチン内部に存在するGd錯体は，Gd錯体のみに比べ，約20倍高い水分子のプロトン緩和能を示した[21]．

このように，フェリチンのような蛋白質集合体へメタルドラッグ等の医薬機能錯体を導入する方法も確立されつつある．フェリチン内部への金属イオンや金属錯体の集積機構についても詳細な議論が進められていることから[22-24]，医療分野への応用を指向した研究が今後ますます発展していくであろう．

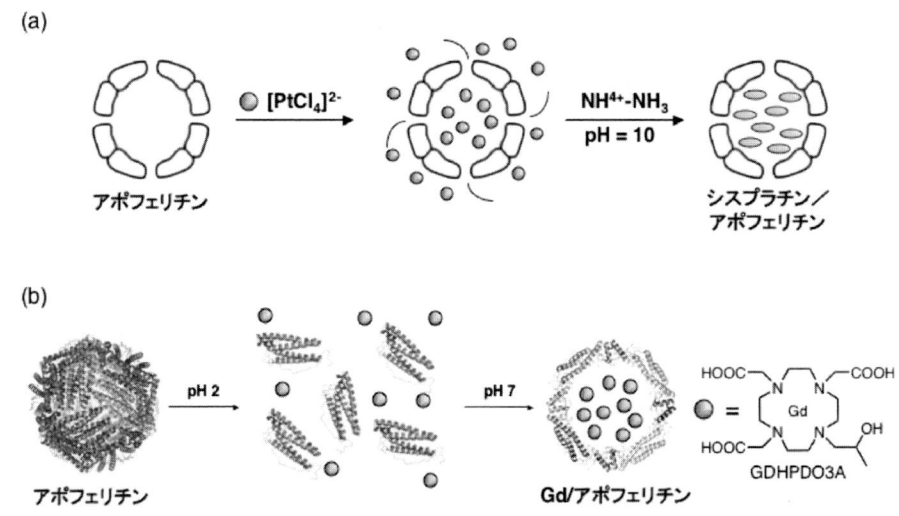

図1.10 アポフェリチン内部でのシスプラチンその場合成(a)と，アポフェリチン内部へのGd錯体の導入(b)

第1章 配位化学による蛋白質集合体の機能設計

1.5 新しい巨大蛋白質の使い方―"部品蛋白質"の概念

　フェリチンは巨大蛋白質が反応空間として様々な可能性を持つことを示してくれたが，既存の巨大蛋白質ケージの性質（大きさや安定性）によって設計可能な反応に制約を受けてしまう．自在に化学反応を設計するには，天然に存在する巨大蛋白質から理想の構造体を得る必要がある．そこで，巨大蛋白質を構成する部品の利用という新しい概念を導入し，バクテリオファージT4（以下T4ファージ）と呼ばれる生体超分子マシーンに注目した研究を進めている[25]．バクテリオファージT4は様々な機能を有する40以上もの部品蛋白質から構成されており，その中には，カプセルやチューブといった化学的にも非常に魅力的かつ合成困難な構造体も含まれている[26]．そこで，このT4ファージの個々の部品蛋白質から，望みの構造体を遺伝子工学的に取り出し，機能化する．多くの蛋白質複合体は人工的には合成できないような構造体を形成しているので，これらを分子テンプレートとすれば，従来にない新しい分子機能の発現も期待できる．最初の試みとして，大腸菌へ感染する際に，膜を貫通する針として機能する特異なカップ構造体gp27-gp5三量体（図1.11）を用いた新しい分子機能集積法を確立した[25, 27-29]．

1.5.1 金微粒子形成によるチューブ蛋白質のテトラポッド構造体への集積制御

　蛋白質複合体上に化学修飾を用いて様々な機能分子を配置する研究は多数報告されているが，蛋白質複合体の集積を三次元的に制御する研究はほとんど行われていない．そこで，特定のアミノ酸配列が金属イオンや微粒子へ高い親和性を持つことを利用して，$(gp5)_3$チューブの三次元集積体の作成を試みた[29]．着目したのはイミダゾール基を側鎖に持つヒスチジン（His）を6個含む短い配列（His-Tag）である．本来はNiイオンとの高い親和性を利用してNiキレートカラムによる蛋白質精製に用いられる配列だが，三量体から構成されるチューブ蛋白質$(gp5)_3$のC末端に導入することによって，合計18個のヒスチジンが集積し，高い金

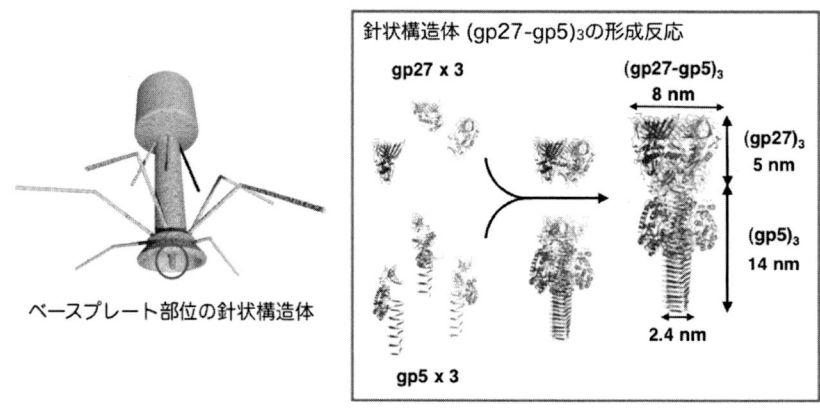

図1.11　バクテリオファージT4の全体構造と，$(gp27\text{-}gp5)_3$構造

1.5 新しい巨大蛋白質の使い方—"部品蛋白質"の概念

属イオンへの集積能が発現される(図1.12).この(gp5-His$_6$)$_3$に300等量のKAuCl$_4$を加え,NaBH$_4$で還元後,単離精製したサンプルのTEM像では,金微粒子に4つの(gp5-His$_6$)$_3$が結合したテトラポッド状の構造体が観測された(図1.13).このTEM像から得られた金微粒子の平均粒子径(図1.13(b))と(gp5-His$_6$)$_3$の結晶構造解析より得られた(gp5-His$_6$)$_3$の

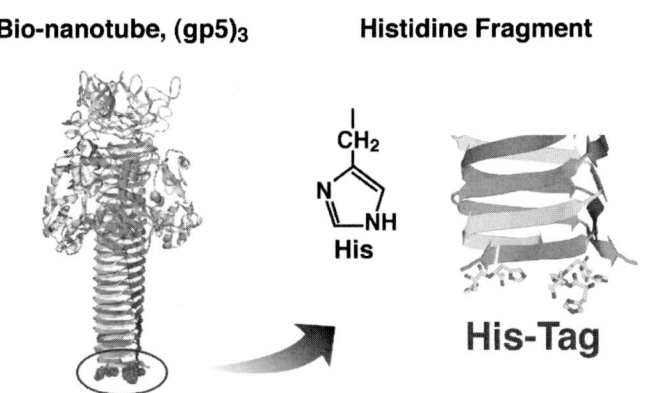

図1.12 バクテリオファージT4の膜貫通針状蛋白質複合体(gp27-gp5-His$_6$)$_3$の結晶構造.C末端にHis-Tagを導入している.

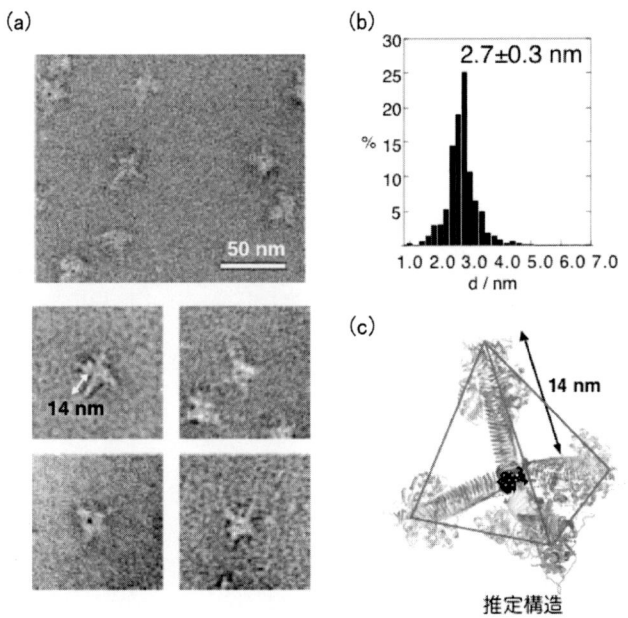

図1.13 Au^0/{(gp5-His$_6$)$_3$}$_4$のTEM像とその拡大図(a),TEM像から得られた金微粒子のヒストグラム(b)と,複合体の推定構造(c)

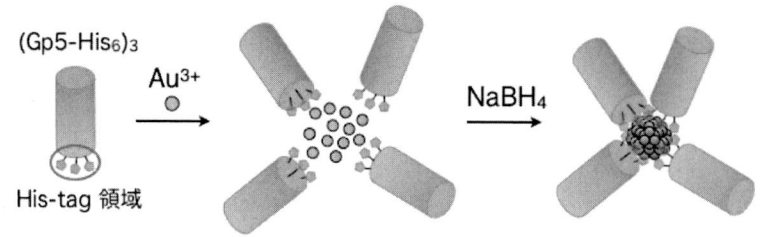

スキーム 1.1　テトラポッド集積体の推定形成過程

チューブ径から算出される表面積もこの構造を支持する（図 1.13(c)）．さらに，His-Tag を持たない (gp5)$_3$ と KAuCl$_4$ の反応では，このようなテトラポッド構造が形成されないことから，His-Tag が 3 つ集まった C 末端領域が金微粒子形成の土台となって (gp5-His$_6$)$_3$ の三次元的な集積を制御していると考えられる（スキーム 1.1）．

1.5.2　カップ状空間への鉄ポルフィリン錯体集積による触媒反応場の構築

　先に示した Fr の内部空間の反応では，金属イオンや基質の取り込みに三回対称軸チャネルのみを使うため，取り込む分子のサイズに制約を受ける場合が多い．しかしながら，チューブ蛋白質 (gp5)$_3$ の上部に gp27 が 3 つ自己集積することで，内径 3 nm のカップ状空間が形成される (gp27-gp5)$_3$ では（図 1.14），数 nm までの分子を取り込み，固定化できる利点を持つ．そこで，カップ内部へ鉄ポルフィリン（FePP）を集積させ，金属錯体反応場としての利用を試みた．鉄ポルフィリンは，システインチオールとマレイミドの反応を使って (gp5)$_3$ チューブ上に固定化した[28]．まず，gp27 との複合化に影響せず，修飾反応に対し自由度が高い N 末端付近の残基をシステインに置換した (gp27-gp5_M3C)$_3$ と (gp27-gp5_N7C)$_3$ を作成した．それらの変異体とマレイミド基を持つ鉄ポルフィリン錯体を反応させ固定化を行った．(gp27-gp5_M3C)$_3$ とカップ構造を持たない (gp5-M3C)$_3$ への FePP 修飾反応の比較では，カップ構造を持つ (gp27-gp5_M3C)$_3$ のほうが，修飾後の複合体収率が 7 倍程度高かったことから，カップ内部に鉄ポルフィリンを固定化させることで，水溶性の低いポルフィリンの分子間会合を抑制し，安定な複合体が形成されたと考えられる．さらに，**FePP•(gp27-gp5_N7C)$_3$** の結晶構造解析より，システインチオールに結合したマレイミドまでの電子密度が観測され，その先のポルフィリン環は観測されなかったことから（図 1.15），カップ内では，FePP がいくつかの異なる構造をとっていると考えられる．この複合体を触媒としてチオアニソールの酸化反応を行ったところ，固定化していない FePP に比べて 6-10 倍程度の触媒活性を示したことから，カップ構造による疎水空間と複合体の安定化による触媒活性の向上が示された．しかしながら，この複合体の大きな問題点は pH 7.5-9，37 ℃以下でしか特異な構造を保持し得ない点にある．そこで，以下に示すように，T4 ファージの部品蛋白質を用いた全く新しい構造体の構築を試みた．

1.5 新しい巨大蛋白質の使い方—"部品蛋白質"の概念

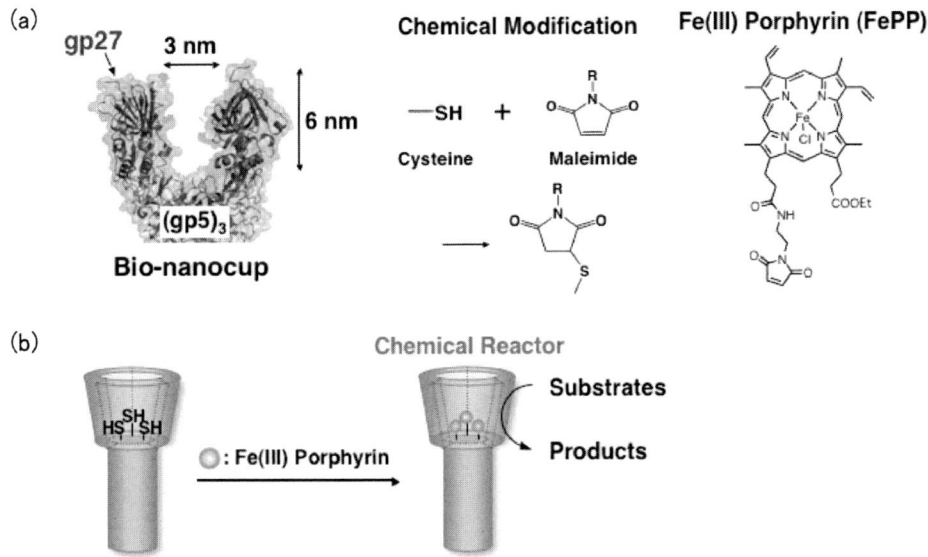

図 1.14 (gp27)₃ カップ構造の断面図と，カップ内へのシステイン-マレイミドの縮合反応を用いた金属錯体の導入法(a)，(gp27-gp5)₃ を用いたナノリアクターの設計(b)

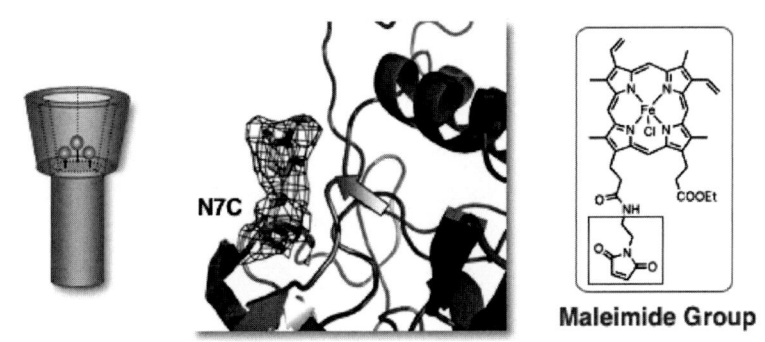

図 1.15 FePP•(gp27-gp5_N7C)₃ の結晶構造．N7C 付近の拡大図と電子密度マップ．

1.5.3 部品蛋白質からの超好熱性蛋白質の作成

(gp5)₃ のチューブ構造は二種類の蛋白質二次構造 アンチパラレル β シートと，トリプルストランド β ヘリックス構造からなる[30]．特に，β ヘリックス構造は最近様々な新しい構造蛋白質で報告されるようになった二次構造である[31]．まず，安定なチューブ蛋白質構造体を作製するために，キモトリプシンによる加水分解反応によっても β ヘリックスを保持したままの最も安定な領域を決定した．次に，このフラグメントと T4 ファージの別の部品蛋白質であるフォールドンを融合した（スキーム 1.2）．フォールドンはフィブリチンの C 末端部分に存在し，フィブリチン三量体構造の形成を促進し，かつ安定化する働きを持つことから，β ヘ

第1章　配位化学による蛋白質集合体の機能設計

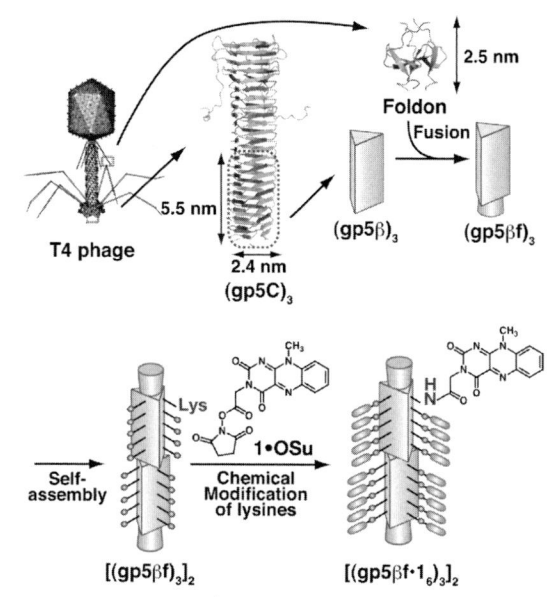

スキーム1.2　バクテリオファージT4からの[(gp5βf)₃]₂の設計とフラビン-サクシイミド誘導体による表面修飾反応

リックスの三量体化とその安定化にも有効に機能すると考えた．そこで，この融合蛋白質の構造を超遠心分析や結晶構造解析により決定したところ，図1.16 に示すように，二つの三量体のN末端同士がhead-to-headの相互作用によって，全長15 nmのチューブ構造を保持していることがわかった[32]．表面にはLys残基が10-15 Åの間隔で規則正しく配列しており，様々な機能分子を蛋白質表面に規則正しく配列できる可能性を示唆している．さらに，驚くべきことに，示差走査熱量測定（DSC）や円偏光二色性（CD）スペクトル測定からは，この二量体が100℃までチューブ構造を保持していることと，広範囲なpH領域（2-11）や，アセトニトリルやエタノール等の有機溶媒を高い割合（50-70%）で含有したバッファー溶液でもチューブ構造を保持されていることが明らかとなった．そこで，チューブ表面に存在するリシンをフラビンのサクシイミド誘導体により化学修飾したところ，チューブ構造を保ったまま，ほぼ100%の修飾率でフラビンを結合させることに成功した．また，この複合体存在下，フェニルアセチレンとベンジルアジドのクリック反応を行うと未修飾のチューブやフラビンを修飾したポリリシンに比べ約30倍もの高いコンバージョンを示した．フラビンはクリック反応に必要なCuイオンと配位結合することが知られており，「チューブ上で精密に配置されたフラビンへ銅が配位することによって，Cu(Ⅱ)からCu(Ⅰ)へのレドックス反応」とフラビン集積によって形成される疎水場への基質のアクセスが効率よく行われるため，触媒反応が他の系に比べ促進されると考えられる．このチューブ構造体の利点は，表面へリシン以外のアミノ酸残基

1.6 固体材料としての蛋白質結晶

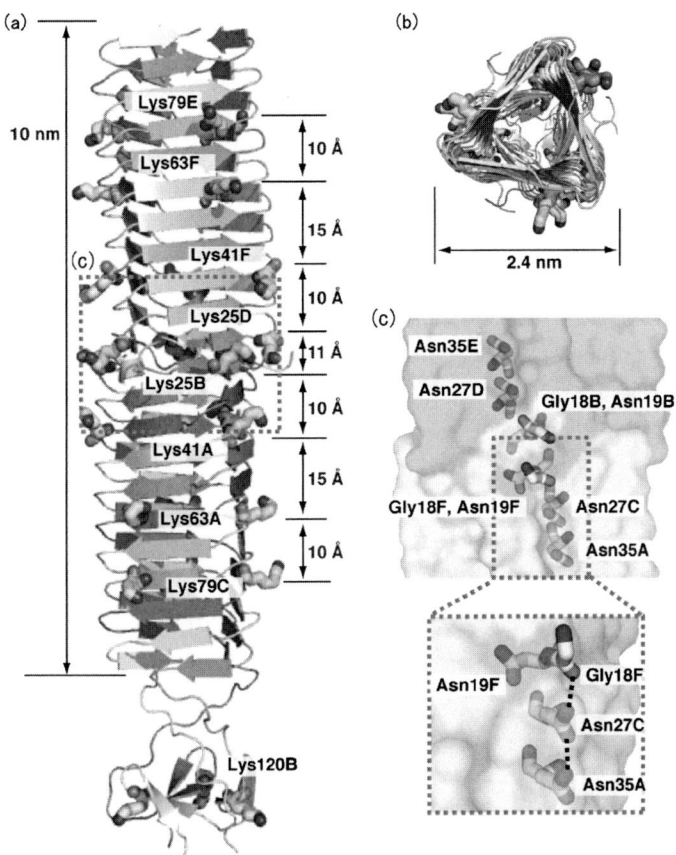

図 1.16 [(gp5βf)₃]₂ の結晶構造(a)（表面のリシン残基はチューブモデルで表示．上部のフォールドン部位の電子密度は観測されなかった．），[(gp5βf)₃]₂ の上部からの図(b)，head-to-head の二量体を形成する界面の構造(c)

を遺伝子工学的に導入できる点にあり，システインを導入して，異種の機能分子の精密配置も可能なことから，さらなる異分子機能固定化の研究を現在進めている．

1.6 固体材料としての蛋白質結晶

これまでの蛋白質集合体の機能化は全て溶液中で行われてきたが，我々は蛋白質結晶を固体の蛋白質集合体と位置づけ，その機能化も進めている[33-35]．その理由は，蛋白質結晶の全体積の 30-70％は水分子によって満たされており，その細孔空間が，反応性の高い様々なアミノ酸残基が規則正しく配置した特異な空間といえるからである[36,37]．このような分子環境を現在の物質合成化学によって構築することは困難であるにもかかわらず，蛋白質結晶を固体材料とし

第1章 配位化学による蛋白質集合体の機能設計

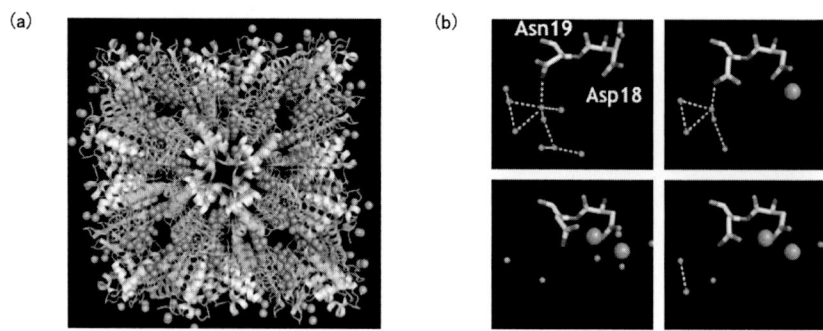

図 1.17 HEWL 正方晶結晶の Rh(Ⅲ) イオン集積構造(a)と，Asp18-Asn19 付近の結合部位の Rh(Ⅲ) 濃度依存性(b)

て機能化する試みはほとんど行われていない．著者らは，蛋白質結晶を固体多孔性材料としたビルドアップ型の機能分子作成の研究を進めてきた．

1.6.1 X 線結晶構造解析による金属イオン集積過程解明

蛋白質結晶の細孔は配位性のアミノ酸残基が規則正しく並び，特異な金属イオン集積空間を形成する．実際，Rh(Ⅲ) イオンを Hen Egg White Lysozyme (HEWL) 結晶に反応させると図1.17(a)に示すように，細孔へ多くの Rh(Ⅲ) イオン（蛋白質分子あたり 10 カ所）の結合が確認される．特に，安定な高分解能結晶が得られるリゾチーム結晶の利点を生かし，Rh(Ⅲ) の結合を詳細に追跡したところ，細孔内の水素結合ネットワークにより固定化されていたアミノ酸側鎖のコンホメーションは，Rh(Ⅲ) イオンの増加に伴う水素結合消失により，多核 Rh(Ⅲ) 構造を安定化する配置へと変化することが明らかとなった（図 1.17(b)）[35]．

1.6.2 様々な形状や組成を持つ無機材料の合成

金属ナノ粒子の機能に着目し，蛋白質結晶の細孔空間内での HEWL の正方晶，斜方晶，単斜晶の3つの異なる細孔空間を利用した CoPt 磁性ナノ粒子合成と，その磁化特性について検討した．バッチ法で作成し，グルタルアルデヒドで架橋安定化した HEWL の正方晶，斜方晶，単斜晶結晶を 50 mM K_2PtCl_4, 50 mM $CoCl_2$ 水溶液（0.1 M NaOAc, pH 4.5）に 24 時間浸した後，$NaBH_4$ を加え，CoPt 粒子を作成した（図 1.18）．各 CoPt 粒子を内包した HEWL 結晶は，蛍光 X 線，熱重量測定，単結晶 X 線構造解析，透過型電子顕微鏡によって同定を行った．その結果，HEWL 結晶内部に均一なサイズの CoPt ナノ粒子が作成され，結晶系の違いによって異なる磁気ヒステリシス挙動が観測された[34]．

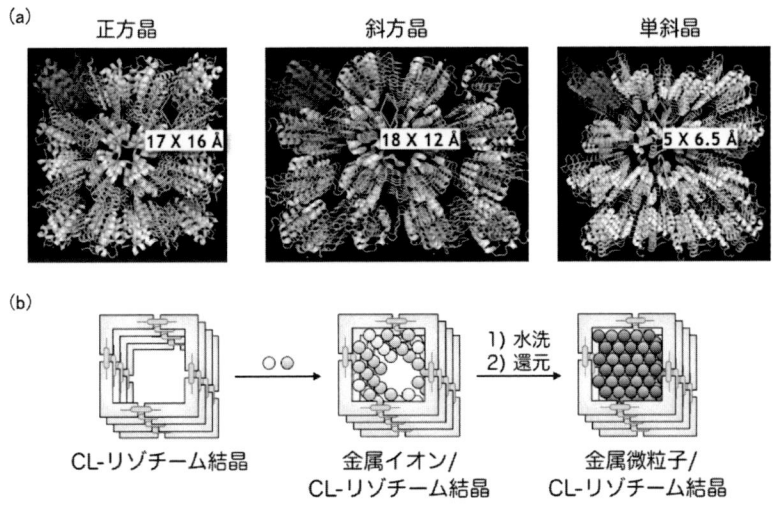

図 1.18　HEWL の各結晶系の細孔構造(a), 結晶細孔空間での CoPt 粒子の作成(b)

1.6.3　機能集積—ミオグロビン結晶への分子集積

　溶液中とは異なる細孔空間を持つ蛋白質結晶へ機能分子を集積できれば，バルクでは実現できない特異な反応や物性挙動の発現が期待できる．そこで，ミオグロビン結晶の持つ直径 40 Å の細孔空間への機能分子集積を試みた[33]．まず，結晶化に必要な蛋白質-蛋白質相互作用に関与せず，細孔表面に露出した残基をシステインに置換後，比較的大きなサイズ（13-17 Å）

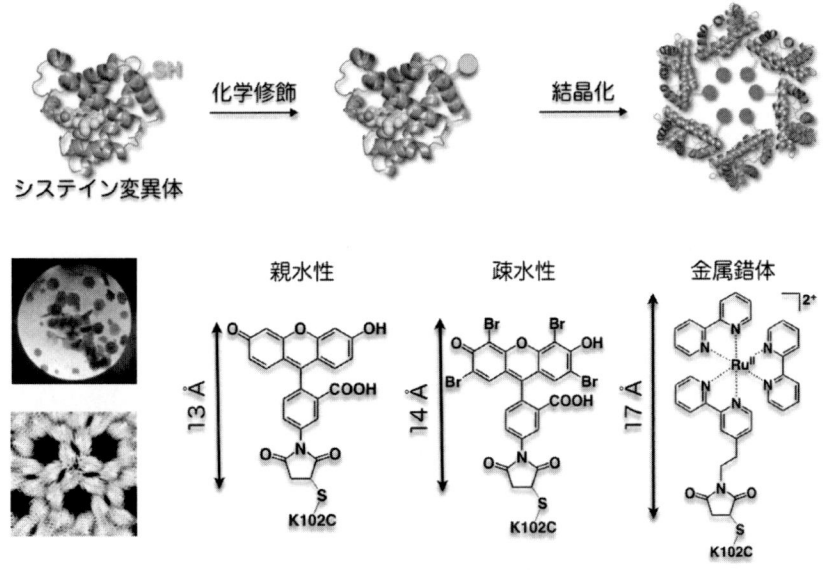

図 1.19　ミオグロビン変異体への化学修飾とその結晶化による分子集積化

を有する親水性，疎水性蛍光分子や金属錯体のマレイミド誘導体を固定化することによって，細孔空間に望みの分子を集積化することに成功した（図 1.19）．

1.7　まとめと展望

　以上のように，高次構造を持つ蛋白質への機能化法が急速な進歩を遂げており，ここ数年で，蛋白質の集積制御に錯体化学を取り入れた研究や[38, 39]，金属錯体と蛋白質の相互作用を X 線結晶構造解析から精密に分子設計していく試みが活発に報告されるようになってきた[9]．特に，環境調和型触媒の研究やナノバイオ材料の新しい可能性を示すものとして興味が持たれている．このように，錯体化学の研究対象としては無縁と考えられていた複雑かつ巨大な蛋白質分子を配位化学のテンプレートとすることによって，これまでシンプルなモデル研究では困難であった蛋白質表面で起こる金属イオンの挙動観察や，生体センサーへの応用，有害物質分解を行うハイブリッド分子の構築が可能となりつつある．

謝辞

　本研究を遂行するにあたり，全面的なサポートをして頂いた京都大学物質—細胞統合システム拠点北川進教授，名古屋大学物質科学国際研究センター・渡辺芳人教授，共に研究を進めてくれたチームメンバーに深謝いたします．また，多くの協同研究者の皆にこの場をお借りして心より感謝申し上げます．

〈参考文献〉

1) H. Mark, *MIDDLE WORLD The Restless Heart of Matter and Life*. Macmillan（2007）
2) I. Bertini, H.B. Gray, E.I. Stiefel, & J.S. Valentine, *BIological Inorganic Chemistry Structure and Reactivity*. University Science Books（2007）
3) S. Akabori, S. Sakurai, Y. Izumi, Y. Fujii, *Nature*, **178**, 323（1956）
4) R.G. Nuzzo, D. Feitler, G.M. Whitesides, *J. Am. Chem. Soc.*, **101**, 3683（1979）
5) Y. Lu, *Angew. Chem. Int. Ed.*, **45**, 5588（2006）
6) C.M. Thomas, T.R. Ward, *Chem. Soc. Rev.*, **34**, 337（2005）
7) M. Uchida, et al., *Adv. Mater.*, **19**, 1025（2007）
8) T. Ueno, S. Abe, N. Yokoi, Y. Watanabe, *Coord. Chem. Rev.*, **251**, 2717（2007）
9) T. Ueno, N. Yokoi, S. Abe, Y. Watanabe, *J. Inorg. Biochem.*, **101**, 1667（2007）
10) T. Granier, B. Gallois, A. Dautant, B.L. DEstaintot, G. Precigoux, *Acta Crystallogr. Sect. D*, **53**, 580（1997）
11) F.C. Meldrum, B.R. Heywood, S. Mann, *Science*, **257**, 522（1992）
12) R.M. Kramer, C. Li, D.C. Carter, M.O. Stone, R.R. Naik, *J. Am. Chem. Soc.*, **126**, 13282（2004）
13) T. Ueno, et al., *Angew. Chem. Int. Ed.*, **43**, 2527（2004）
14) Z. Varpness, J.W. Peters, M. Young, T. Douglas, *Nano Lett.*, **5**, 2306（2005）

〈参考文献〉

15) T. Douglas, M. Young, *Nature*, **393**, 152 (1998)
16) M. Comellas-Aragones, *et al.*, *Nat. Nanotech.*, **2**, 635 (2007)
17) N.F. Steinmetz, G.P. Lomonossoff, D.J. Evans, *Small*, **2**, 530 (2006)
18) S. Abe, *et al.*, *J. Am. Chem. Soc.*, **130**, 10512 (2008)
19) S. Abe, *et al.*, *J. Am. Chem. Soc.*, **131**, 6958 (2009)
20) Z. Yang, *et al.*, *Chem. Commun.*, 3453 (2007)
21) S. Aime, L. Frullano, S.G. Crich, *Angew. Chem. Int. Ed.*, **41**, 1017 (2002)
22) S. Abe, T. Hikage, Y. Watanabe, S. Kitagawa, T. Ueno, *Inorg. Chem.*, **49**, 69670 (2010)
23) M. Suzuki, *et al.*, *Chem. Commun.*, 4871 (2009)
24) T. Ueno, *et al.*, *J. Am. Chem. Soc.*, **131**, 5094 (2009)
25) T. Ueno, *J. Mater. Chem.*, **18**, 3741 (2008)
26) J.D. Karam, ed., Molecular Biology of Bacterophage T4., ASM Press, Washington, D.C. (1994)
27) T. Koshiyama, T. Ueno, S. Kanamaru, F. Arisaka, Y. Watanabe, *Org. Biomol. Chem.*, **7**, 2649 (2009)
28) T. Koshiyama, *et al.*, *Small*, **4**, 50 (2008)
29) T. Ueno, *et al.*, *Angew. Chem. Int. Ed.*, **45**, 4508 (2006)
30) S. Kanamaru, *et al.*, *Nature*, **415**, 553 (2002)
31) A.V. Kajava, A.C. Steven, *Adv. Protein Chem.*, **73**, 55 (2006)
32) N. Yokoi, *et al.*, *Small*, in press (2010)
33) T. Koshiyama, *et al.*, *Bioconjugate Chem.*, **21**, 264 (2010)
34) T. Ueno, S. Abe, S. Kitagawa, Japan Patent No. 2010-366 (2010)
35) T. Ueno, *et al.*, *Chem.-Eur. J.*, **16**, 2730 (2010)
36) A.L. Margolin, M.A. Navia, *Angew. Chem., Int. Ed.*, **40**, 2205 (2001)
37) L.Z. Vilenchik, J.P. Griffith, N. St Clair, M.A. Navia, A.L. Margolin, *J. Am. Chem. Soc.*, **120**, 4290 (1998)
38) S. Burazerovic, J. Gradinaru, J. Pierron, T.R. Ward, *Angew. Chem. Int. Ed.*, **46**, 5510 (2007)
39) H. Kitagishi, *et al.*, *J. Am. Chem. Soc.*, **129**, 10326 (2007)

第2章
メタル化ペプチドを用いる金属の精密集積制御
―組成・配列・空間配置制御と機能開拓―

高谷　光　（Hikaru Takaya）
京都大学　化学研究所　元素科学国際研究センター　准教授
㈱科学技術振興機構　さきがけ「構造制御と機能」

2.1　はじめに

　無秩序でランダムな元素の組合せから意味のある機能や現象が生じることはない．これは，ドレミファソラシドの7音階を無秩序に並べても音楽として認識されうる旋律とはならないが，ある一定の順列・組合せに従って並べられた音符だけが美しい音楽として認識されることと似ている．物質化学は元素の組合せによって生じる機能や物性という「旋律」を調べる学問であり，その旋律を読み解くためには種々の元素の組成・配列・空間配置を自在に制御するための基礎的方法論の開拓が不可欠である．我々のグループでは「組成・配列・空間配置」を制御して金属を集積化する新しい手法について系統的な研究を進めてきた．特にアミノ酸やペプチドを利用した金属集積に注力した研究を行った結果，様々な物性や機能を有する遷移金属錯体を望みの組成・配列で集積化できるユニークな手法の開発に成功している[1]．本章では我々の最近の成果を中心に，金属の精密集積制御に関する最近の進歩について概説する．

2.2　錯体化学的手法による金属集積化

　ウエットプロセスを用いた金属集積は従来から無機化学および有機金属化学を基礎とする錯体化学分野を中心に研究が進められ，現在までに多数の手法が開発されている[2]．それらのほとんどは，いわゆる自己集合もしくは自己組織化に基づく方法であり，金属と親和性のある配位性分子と金属イオンもしくは金属錯体を溶液中で混合・反応させるというものである（図2.1）．例えば，代表的なものとしては，(1)複数の金属結合サイトを有する分子（多座配位子）

第 2 章　メタル化ペプチドを用いる金属の精密集積制御

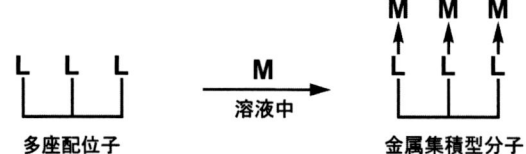

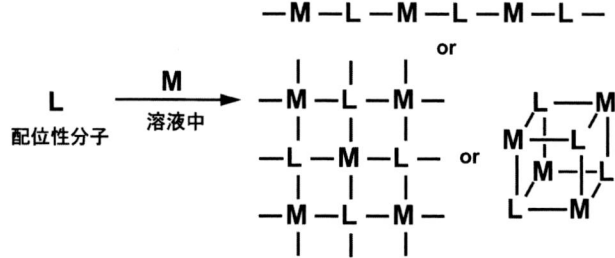

M: 金属イオン or 前駆錯体　　L: 配位性官能基 or 配位性分子

図 2.1　自己組織化に基づく金属錯体集積化の代表例

と金属イオンを反応させることによって集積化する方法[3]，(2)金属-金属間に架橋結合する分子を介して金属同士を連結-集積する方法[4]，あるいは(3)金属-金属結合の形成を利用することによって配位性分子の助けなしに直接集積化する方法[5]等が知られている．これらの手法は実験操作が簡便でスケールアップも容易である等，実用性の高い優れた手法である．しかし，溶液中における自己組織化現象をベースとする反応は基本的に熱力学支配の下に進行するため，金属の組成や構造に統計学的な分布が生じることとなり，多くの異性体を与えるという問題点がある．近年，藤田（東大），北川（京大）らに牽引される形で自己組織化ベースの金属集積化が世界的進歩を遂げ，金属と配位性分子の組合せ等，集積制御のための経験則が蓄積されつつあるが，それでもなお目的の化学組成や構造を実現するためにはかなりの試行錯誤が必要となる．そこで我々は自己組織化的な手法のみを用いて金属集積を行うのではなく，化学合成と組み合わせたハイブリッド型の方法論を採用することにした．自己組織化と化学合成のハイブリッド手法は生体系における構造形成の常套手段である．例えば，細胞構築を例にとると細胞膜は脂質，蛋白質あるいは糖鎖等の自己組織化によって形成されるが，これらの構成要素自体は酵素によって化学的に合成されている．このようなハイブリッド型の分子構造体形成のメリットはそれぞれの長所短所を相補的にカバーできるところにある（図 2.2）．

2.2 錯体化学的手法による金属集積化

	構造制御	サイズ	生産性
自己組織化	やや難 試行錯誤	中〜大 10 nm〜10^3 μm	高 One-Pot
+) 化学合成	容易 合理設計	小〜中 10^{-1} nm〜10 nm	低〜中 逐次合成
生体系システム（蛋白質, DNA, 糖）	合理設計可	10^{-1} nm〜10^3 μm	中〜高

図 2.2　自己組織化-化学合成ハイブリッド法

　さて，前述したように自己組織化は拡散や吸着-解離平衡などの熱力学的支配を強く受けるため構造制御には試行錯誤が必要となる．しかし，構築可能な分子サイズは非常に大きく，また基本的にone-pot合成であるため極めて生産性が高いという長所を持つ．一方，化学合成は合理設計に基づく精密な構造制御が可能であるが，その反面，構築可能な分子のサイズは小さく，また逐次的かつ段階的に分子構築を行うため生産性は高くない．いずれの手法も一長一短であるが，生体系システムはこれらを相補的に利用することによって双方のメリットだけを享受して構造制御と機能創出を行っている．そこで，我々は生体分子をプラットフォームとした金属集積化について検討を行った．

　生体由来の物質や材料中には構成分子の組成，配列および空間配置に高度な秩序構造が見出され，したがって，金属の集積制御を行う目的で生体分子をプラットフォームとして用いることは自然なアイデアであり，これまでにもペプチド[6]，蛋白質[7]による金属集積化が報告されているが，そのほとんどがこれらの分子を多座配位子として用いて自己組織化的に金属集積を行うものであり，図2.1の(1)および(2)に分類されるものである．また，最近，塩谷-田中[8]，Schultz-Meggers[9]，Tor-Weizman[10]らによって，金属配位部位を導入した塩基を用いてDNAをモチーフとした非常にエレガントな金属集積化が報告された．これらは自己組織化をベースとした図2.1-(1)に類する手法であるが，金属相互配置の精密制御や金属-ヘテロ元素官能基間の親和力を巧みに利用した異種金属集積を達成した先駆的な例として特筆すべき研究成果である．

　アミノ酸およびペプチドは生体分子の中で最も合成手法の確立した分子であり，原料入手の容易さ，価格，合成の効率やスケーラビリティー，熱的・化学的安定性等を兼ね備えた合成化学者にとって非常に魅力的な分子である．そこで，我々は金属集積化のためのプラットフォーム分子としてアミノ酸およびペプチドに着目し，金属が化学結合したアミノ酸（メタル化アミノ酸）およびペプチド（メタル化ペプチド）を用いる金属集積化を考案した（図2.3）．メタル化アミノ酸は縮合という単純な化学合成によって自由な連結が可能であり，これによってペプチド上に金属を配列したメタル化ペプチドが得られることとなる．この際，用いるメタル化アミノ酸の種類や連結順序をプログラムすれば組成と配列を制御してペプチド上に金属を集積化することができる．さらに，ペプチドに特有のストランドやヘリックス構造を誘起し，これら

化学合成によるメタル化ペプチドの合成と組成・配列制御

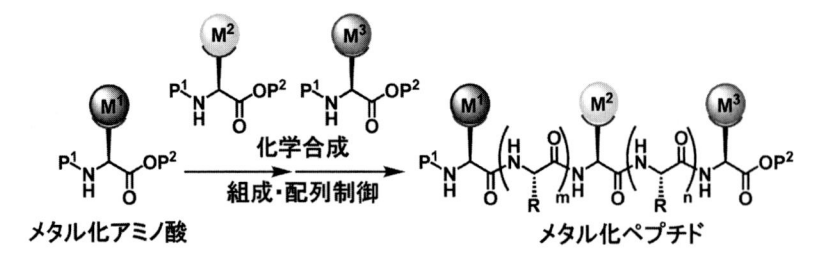

自己組織化によるメタル化ペプチド超分子合成と空間配置制御

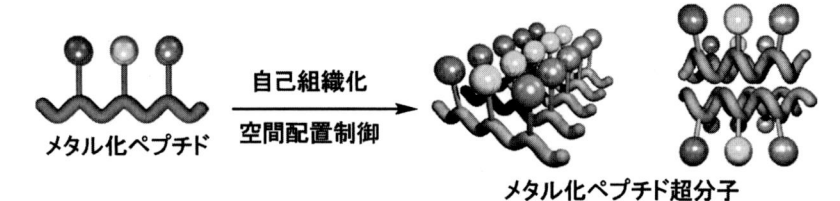

図2.3 メタル化ペプチドを用いる異種金属集積型分子デバイスの構築

を適当な方法で自己組織化すれば金属が二次元あるいは三次元状に集積化された超分子集合体が得られ金属の空間配置制御が達成されることとなる.

このような作業仮説に基づいた研究の結果, 我々はルテニウム (Ru), ロジウム (Rh), イリジウム (Ir), パラジウム (Pd), 白金 (Pt) 等の種々の有用遷移金属元素が側鎖に化学結合した新しいタイプのメタル化アミノ酸の開発に成功し, これらを用いて金属の組成・配列が制御されたメタル化ペプチドを合成することに成功した. さらにメタル化ペプチドの有機溶媒溶液に超音波を照射すると, 自己組織化によるゲル化が進行してシート状のメタル化ペプチド超分子が規則正しく積層した三次元集積体を与えること, またこれらの集積様式すなわち金属の空間配置が超音波の照射時間や波長によって制御できることを見出した. 以下にこれらのメタル化ペプチドを用いた金属集積制御と機能創出について具体例を挙げて紹介する.

2.3 メタル化アミノ酸およびメタル化ペプチドの開発

金属が結合したアミノ酸にはこれまでにも多くの報告例があるが, 天然由来のアミノ酸をそのまま用いてカルボン酸やチオール等の残基を配位部位として利用した例がほとんどである. アミノ酸側鎖に合成化学的に手を加えることによって錯体化学的に設計された配位部位を積極的に導入した例としては, ビピリジル基等のヘテロ元素芳香族を導入したもの[11-13], フェロセンやアレーン錯体等のπ-配位型の錯体を導入したもの[14]が知られている. これらは簡便に合成することができるが, 溶解度に乏しくペプチド合成過程に用いられる酸／塩基処理によって

金属が流出するといった問題点がある．最近，このような欠点を克服した金属結合型アミノ酸として，van Koten[15]らがNCNピンサー型と呼ばれる3座配位型の錯体を導入したアミノ酸を，Solladié[16]および山村（東理大）[17]らがポルフィリン結合型アミノ酸の開発に成功している．これらは溶解度と安定性に優れ，また多種多様な金属種の導入が可能なメタル化アミノ酸であるが，いずれも合成に10段階以上を要する．そのため蛋白修飾やバイオセンサー等のサンプル量を必要としない生化学用途には問題ないが，ある程度まとまった量が必要となる分子材料の開発には適さない．そこで，我々は大量合成が容易で溶解性や安定性に優れ，かつ多様な金属種の導入が可能な新しいタイプのメタル化アミノ酸の設計を行った．その結果，ベンズアルジミン錯体をモチーフとすることによって，わずか3段階で効率よくメタル化アミノ酸を合成できる簡便かつ生産性の高いルートの開発に成功した（式(1)）[2]．

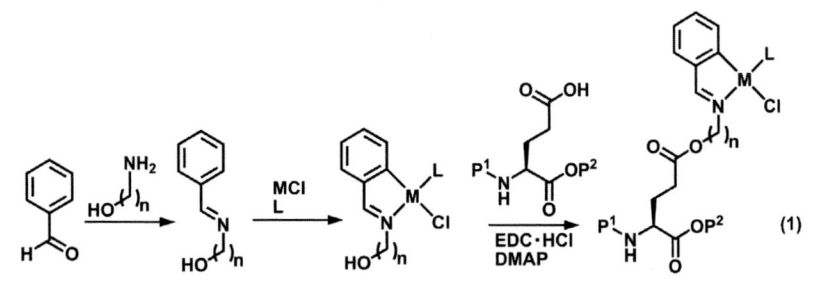

$$n = 2\text{-}5, \quad M = Pd, Pt, Rh, Ir, Rh, \quad L = PR_3, Cp^*, p\text{-cymene}$$
$$P^1 = Fmoc, Boc, \quad P^2 = Allyl, Bzl, Dmab, PS\text{-resin}$$

本法を用いればメタル化アミノ酸のコンビナトリアル合成も可能であり，多様性の高いライブラリー構築が可能となる（図2.4）．また，得られたメタル化アミノ酸はいずれも熱的，化学的に安定であり，ペプチド合成や超分子ゲル化条件で金属が流出しないという特徴を有している．

　我々は上記のメタル化アミノ酸の中でも特に安定性に優れ，錯体部位関与の幾何異性体等を生じないグルタミン酸由来のPd結合型のアミノ酸**1**を用いてメタル化ペプチド合成について詳しい検討を行った．その結果，*C*-末端をアリル保護したFmoc保護アミノ酸**2**と*N*-末端フリーアミノ酸との縮合によって，Pd結合型ジペプチド**3a-d**を合成することに成功した（式(2)）．

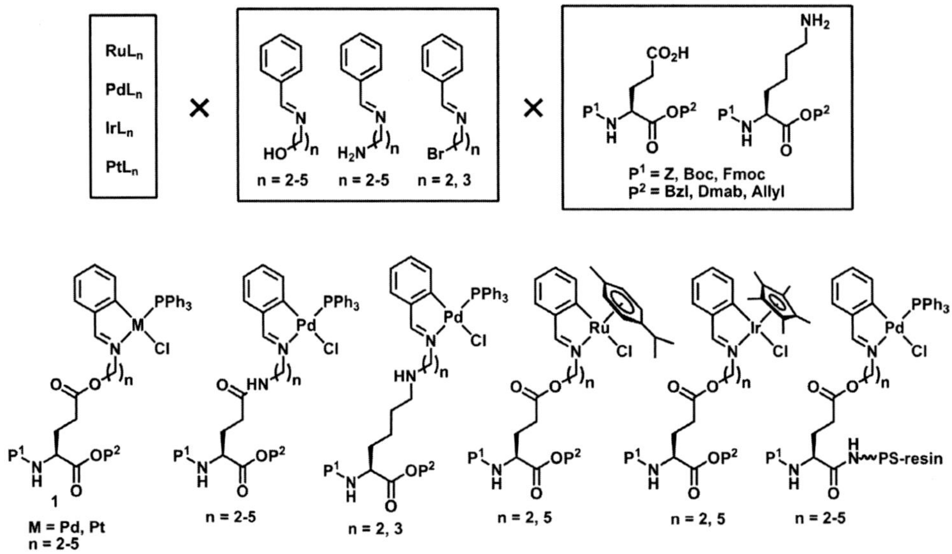

第 2 章　メタル化ペプチドを用いる金属の精密集積制御

図 2.4　コンビナトリアルアプローチによるメタル化アミノ酸ライブラリーの構築

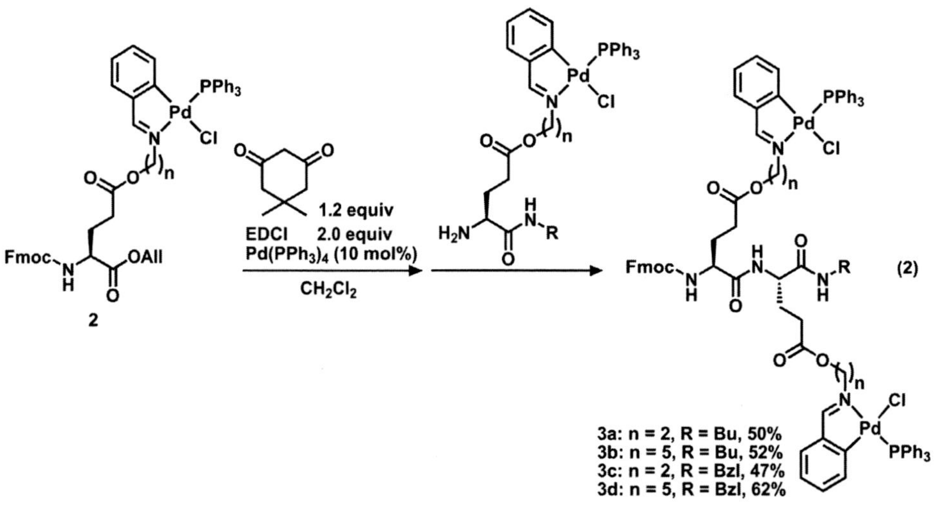

得られたペプチド **3a** の脱 Fmoc 体と **2** との縮合を繰り返すことによってペプチド鎖を延長でき，現在までに 3 および 4 個のパラジウム錯体が結合したトリペプチド **4** およびテトラペプチド **5** の合成に成功している．これらの合成は溶液法によって効率よく行うことが可能であり，純度の高い目的ペプチドをグラムオーダーで得ることができる．また興味深いことに CD 測定（$CHCl_3$ 中）を行った結果，これらペプチドでは非常に安定なヘリックス構造が誘起されていることが示された．そこで，ペプチド **3a-5** について 920 MHz NMR を用いた distance geometry 解析を行った．重クロロホルム（$CDCl_3$）に溶解したペプチドの ^1H および二次元

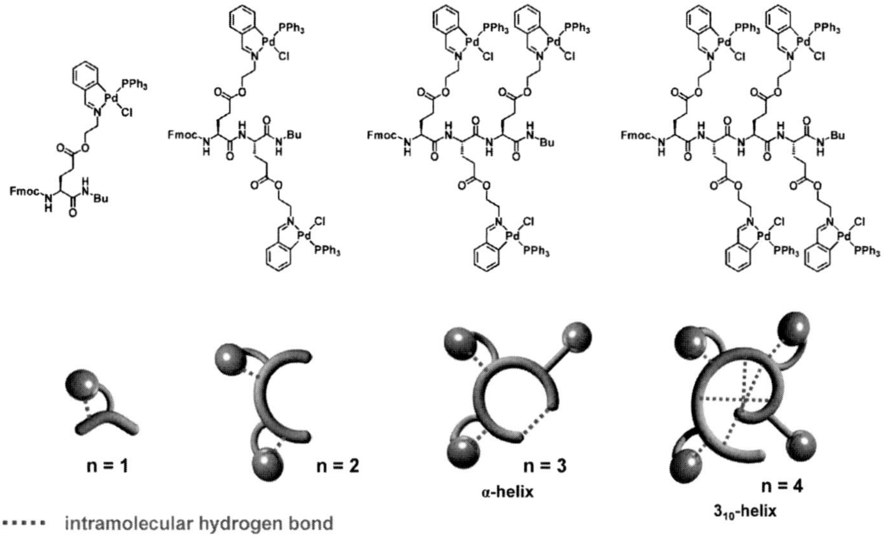

図2.5 Pd結合型ペプチドの構造

NMR測定（DQF-COSY, NOESY）から得られた角度および距離情報を束縛条件としてMM計算を行った．いずれのペプチドにおいても，Pd錯体の塩素配位子とペプチド主鎖のアミドN-Hが分子内水素結合（Pd-Cl⋯H-N）を介したself-lock構造の形成が確認され，さらにトリペプチド4ではα-ヘリックス構造を，テトラペプチド5では3_{10}-ヘリックス構造が誘起されていることが示された（図2.5）．グルタミン酸由来のペプチドはヘリックス構造を形成しやすいことが知られているが，このような短いペプチドで安定なヘリックスが誘起された報告例はない．メタル化ペプチドにおいてこのような特異性が見出されたのは，立体的に嵩高く有機溶媒に対する親和性の大きなPd錯体部分がペプチド鎖表面に強く張り付くことによって疎水場を形成し，極性の高いペプチド鎖を溶媒中から排除しようとする効果が作用した結果であると考えている．

ところで，Pd結合型ペプチドにおける塩素配位子とアミドN-H間におけるPd-Cl⋯H-Nのような非古典的水素結合は，酵素モデル系錯体の結晶中においてしばしば見出される相互作用であるが[18]，溶液中における観察例はほとんど知られていない．最近，酸性度の高いアミド基を塩素配位子付近に配置することによってメタル化アミノ酸と同様の結合-解離平衡が観察されることが報告された[19]．ペプチド3a-5および2のC末端をブチルアミド保護したアミノ酸では，水素結合に関与していると考えられるアミドプロトンのケミカルシフトが温度変化や濃度に依存して大きくシフトする．また遠赤外領域のIRスペクトルを測定したところ，Pd-Cl伸縮振動に顕著なレッドシフトが認められPd-Cl⋯H-Nの形成を支持するデータが得られた．しかしながら，現在までのところX線単結晶解析などの直接的な証拠を得るに至っていない．そこで，パラジウム錯体およびアミド間の水素結合を確認する目的で，ペプチド部位を

持たないモデル錯体 chloro［(phenylimino)butyl-C^2,N］triphenylphosphinepalladium（**6**）とペプチド鎖アミド結合のモデル N-methylacetamide（NMA）を CDCl$_3$ 中にて混合し，その会合定数を ^{1}H NMR を用いて測定したところ，錯体 **6** と NMA が平衡定数 2.84 M^{-1}，会合エネルギー1.06 kcal/mol で 1：1 会合しているという Pd-Cl…H-N 形成を支持する結果が得られた．

2.4 メタル化ペプチドの超音波ゲル化と金属集積制御

　アミノ酸やペプチドは，分子間水素結合によって β-シート構造から成る繊維状[20]およびカラム状[21]の超分子集合体を形成することがよく知られている．しかし，メタル化ペプチド **3a-5** では前述の Pd-Cl…H-N 水素結合によって self-lock 型構造を形成しているため分子間での会合が著しく阻害された状態にある．我々は適当な物理刺激を用いて分子内水素結合を切断することによって，分子間水素結合へとスイッチングすることができれば自己組織化が誘起されメタル化ペプチド超分子が得られると考えた（式(3)）．

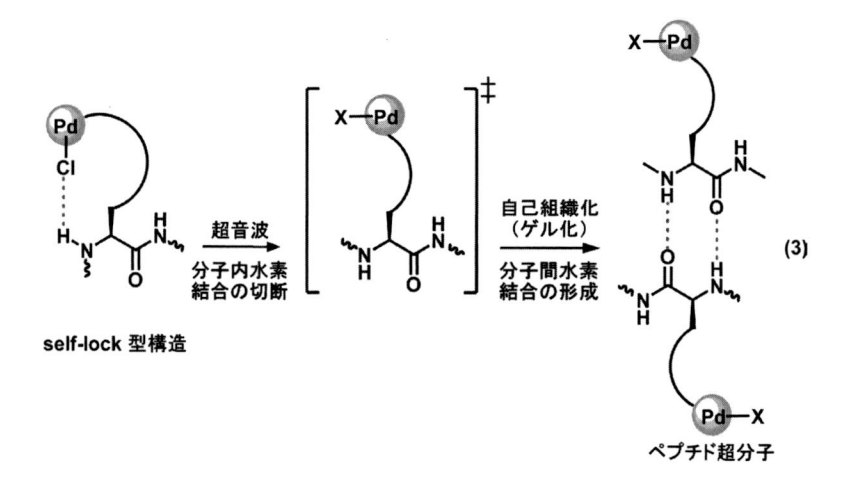

　種々の刺激条件下において詳しい検討を行ったところ，Pd 結合型ジペプチド **3a** の有機溶媒溶液に超音波を照射すると溶液が流動性を失い超分子ゲルを与えることを見出した[2]．例えば，**3a** の酢酸エチル溶液に超音波照射を行うと，約 60 秒で溶液が完全に流動性を失いゲル化する（図2.6）．オリゴペプチドの溶液に加熱-冷却操作を加えるとゲル状の超分子を与えることはよく知られているが[20,21]，**3a** の超分子ゲル化では超音波照射が必須条件であり，同じ溶液に加熱-冷却操作を施してもゲルを生成することなく微結晶を生じるのみであった．一般に超音波は分子集合体に対しては破壊的に作用してタンパク質やペプチドの分解や変性を促進する[22]．したがって，我々の見出した超音波によるペプチドの自己組織化は従来の物理常識に反する興味深い現象であると考えている[23]．そこで，我々は超音波ゲル化の機序を調べる目的で，超音波の照射時間を変えて超分子ゲル化の反応速度を調べた．ジペプチド **3a** の ^{1}H NMR シグナル

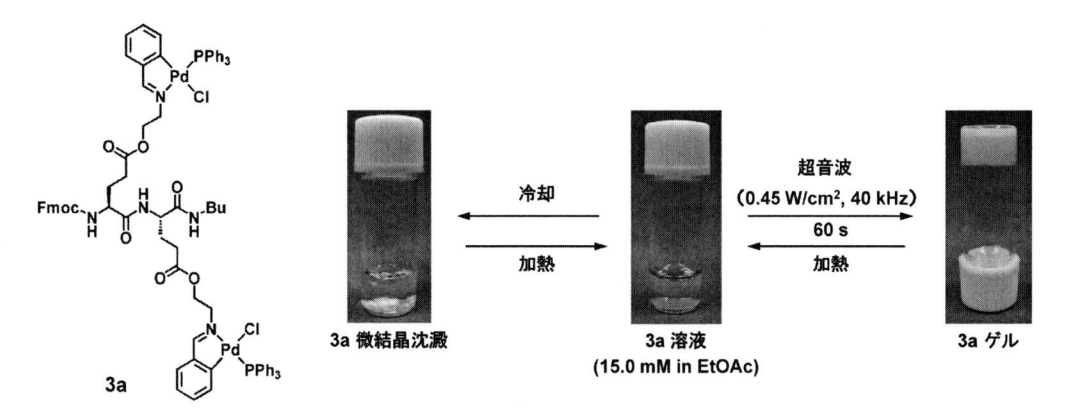

図 2.6　ジペプチド 3a の超音波ゲル化

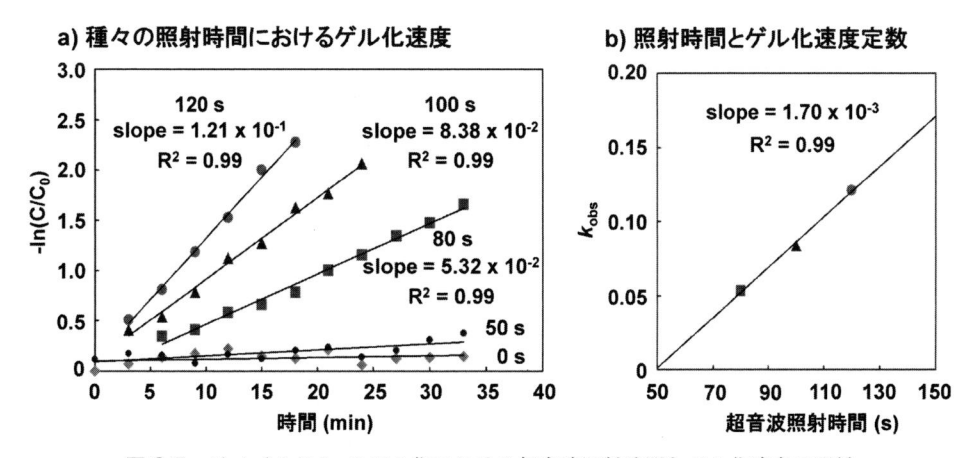

図 2.7　ジペプチド 3a のゲル化における超音波照射時間とゲル化速度の関係

は自己組織化が進行してフリーの分子が減少するのに伴って消失する．そこで，10 mM に調整した 3a の重酢酸エチル（$CD_3CO_2C_2D_5$）溶液にそれぞれ 50，80，100，120 秒間超音波を照射した後，3a の減少速度を追跡することによってゲル化速度の測定を行った．その結果，3a のゲル化過程には誘導期間が存在し，超音波照射時間が 50 秒以下の場合はゲル化がほとんど進行しないこと，フリー 3a の濃度の対数が時間に対して直線関係を示すこと（図 2.7-(a)），また照射時間が長いほど見かけのゲル化速度 k_{obs} が大きくなること（図 2.7-(b)）を見出した．このことはメタル化ペプチドの超音波ゲル化は 3a の濃度の 1 次に比例する自発的な過程であることを示している．さらに同様の手法を用いて超音波の周波数とゲル化速度の関係について調べたところ，超音波周波数が低くなるほどゲル化速度が速くなることを見出した（図 2.8-(a)）．液体に超音波を照射すると液中に振動数の高い粗密波が発生する．振動数の高い粗密波は局所的な圧力変動を引き起こし，これによって液中に微細気泡（キャビテーション）が発生する．

a) 周波数とゲル化速度

b) 周波数とキャビテーション強度

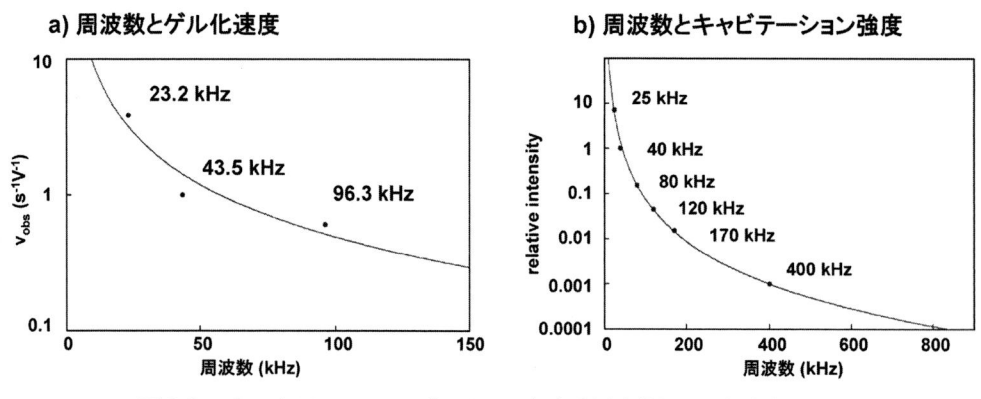

図 2.8　ジペプチド 3a のゲル化における超音波周波数とゲル化速度の関係

　キャビテーションは粗密波によって膨張と圧縮を繰り返しやがて圧壊するが，この際に断熱圧縮過程において蓄積したエネルギーによって数千℃，数千気圧にもなる高温・高圧の局所場を形成する．このキャビテーションエネルギーは周波数に依存し，周波数が低いほどエネルギーは高くなることが知られている（図 2.8-(b)）．図 2.8-(a)に示すように，超音波ゲル化における周波数-速度の関係は図 2.8-(b)に示す周波数-キャビテーション強度曲線と良い相関を示しており，このことから超音波ゲル化現象はキャビテーションのエネルギーによる分子内水素結合の切断を引き金とする現象であることが強く示唆された．そこで，我々は分子内水素結合切断による self-lock 構造の解除が超分子ゲル化に必須であるかどうかを検証するために，塩素配位子を NCS 基に置換することによって分子内水素結合を阻害したジペプチド **7**，および Pd 錯体-ペプチド間を連結する炭素鎖を延長して解離型が有利となるような仕掛けを施したペプチド **3b** の超音波応答性について検証を行った．しかし，図 2.9 に示すようにいずれのペプチドも超音波刺激によってゲルを与えることなく沈殿を生じるのみであり，分子内水素結合の重要性を裏付ける結果となった．

　続いて我々は超音波照射によって得られたゲル中におけるメタル化ペプチドの集積様式を調べる目的で IR および XRD 測定を行った．酢酸エチル溶液（15.0 mM）から調製した **3a** の超音波ゲルの IR スペクトルでは，アミドの N-H および C=O 伸縮振動の吸収帯が 3,344，1,655 cm^{-1} に観測された．これは水素結合によって低波数シフトしたアミドに特徴的な値[20]であり，アミド間水素結合（C=O···H-N）の形成を示す結果である．またゲル **3a** の広角 X 線回折（WAX）においても β-シート構造に特徴的[24]な水素結合間距離である 4.7 Å を中心としたブロードなシグナルが観測された（図 2.10-(a)）．さらに小角 X 線回折（SAX）はジペプチド **3a** を単位とするモルフォロジーによく一致した回折ピークを与え，β-シート多層積層型の超分子構造を支持する結果が得られた（図 2.10-(b)）．

　超分子ゲル **3a** のナノ構造を調べる目的で走査型電子顕微鏡（SEM）観察を行った．真空中

2.4 メタル化ペプチドの超音波ゲル化と金属集積制御

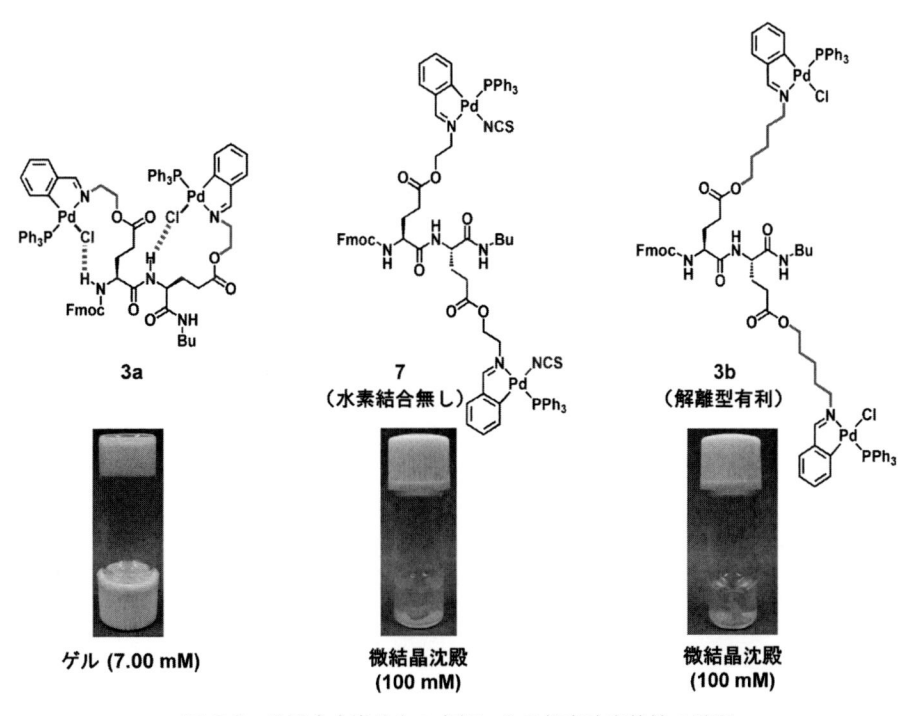

3a
ゲル (7.00 mM)

7
（水素結合無し）
微結晶沈殿 (100 mM)

3b
（解離型有利）
微結晶沈殿 (100 mM)

図2.9 分子内水素結合の有無による超音波応答性の発現

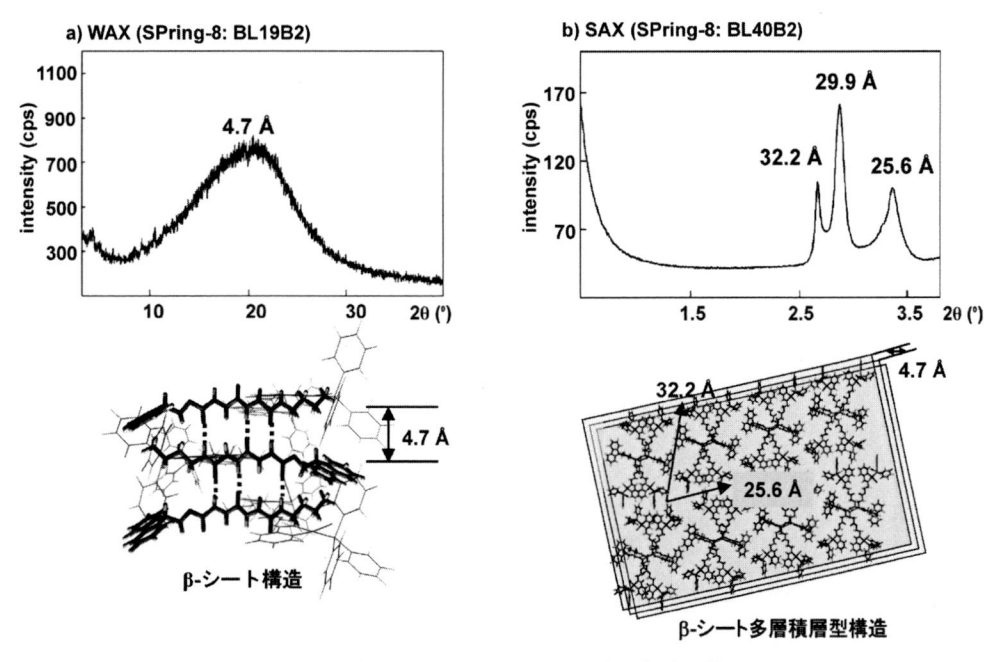

a) WAX (SPring-8: BL19B2)
4.7 Å
β-シート構造

b) SAX (SPring-8: BL40B2)
32.2 Å, 29.9 Å, 25.6 Å
4.7 Å
β-シート多層積層型構造

図2.10 超音波ゲル **3a** のXRD測定と超分子構造

で乾燥させ白金スパッタリングしたキセロゲルの SEM 像から，超分子ゲルを構成する繊維は幅約 200 nm のベルトのような形状であり（図 2.11-(a)），さらにベルト状繊維の上面および側面には無数の細い筋が観測され，その間隔は約 3.5 nm と SAX 測定によって得られた分子の長軸方向のサイズ（3.3 nm）と良い一致を示した（図 2.11-(b)）．さらに原子間力電子顕微鏡観察（AFM）からも最小厚みが 3.5 nm のベルト状構造体が確認され，各種分光学的測定によって示された β-シート多層積層構造を完全に裏付ける結果となった．

これらの結果より，3a のゲル化では超音波刺激による自己組織化誘起によって分子間水素結合に基づく β-シート多層積層構造を有する繊維状の分子集合体が形成され，これらが溶媒分子を取り込みながら絡まりあうことによって超分子ゲルを与えることが証明された（図 2.12）．多層積層型 Pd 錯体の生成はメタル化ペプチドの自己組織化によって金属の空間配置制御が達成されたことを示しており，図 2.3 に示した研究戦略の妥当性を実証する結果として重要である．

超音波ゲル化の詳細なメカニズムについて図 2.13 に示した．まず超音波キャビテーションによって局所的に発生した高温・高圧によって self-lock 型構造が解除され水素結合フリーの中間体を生じる．キャビテーションの周囲は溶媒の気化により局所的な高濃度条件となるため，生成した水素結合フリーの中間体は分子間水素結合を介して互いに会合しながら成長して

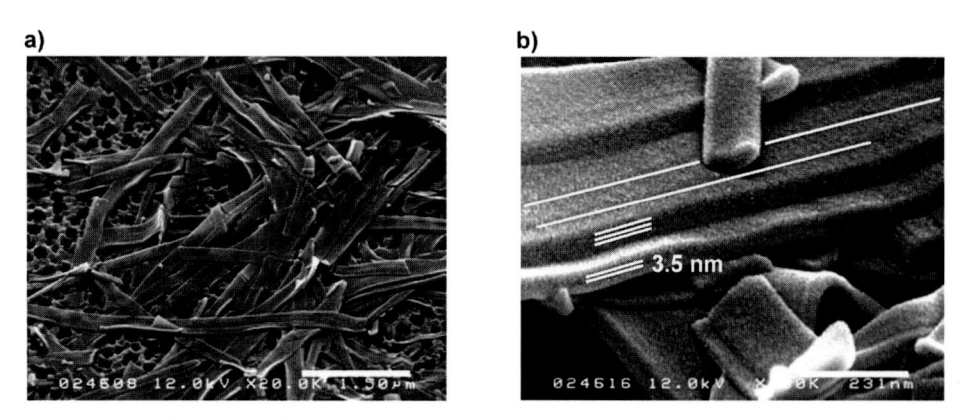

図 2.11 超音波ゲル 3a の SEM 画像（a：20,000 倍，b：140,000 倍）

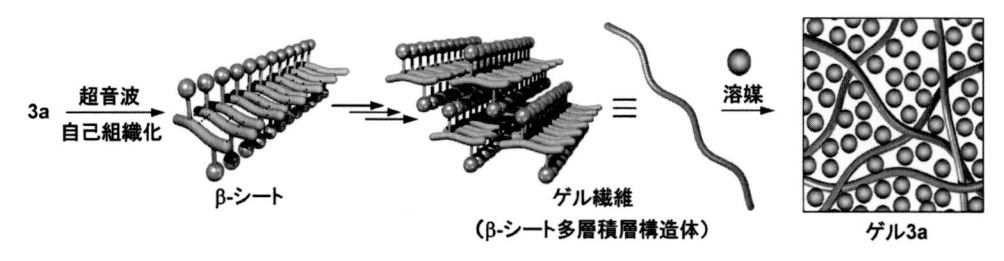

図 2.12 ジペプチド 3a の超音波ゲル化

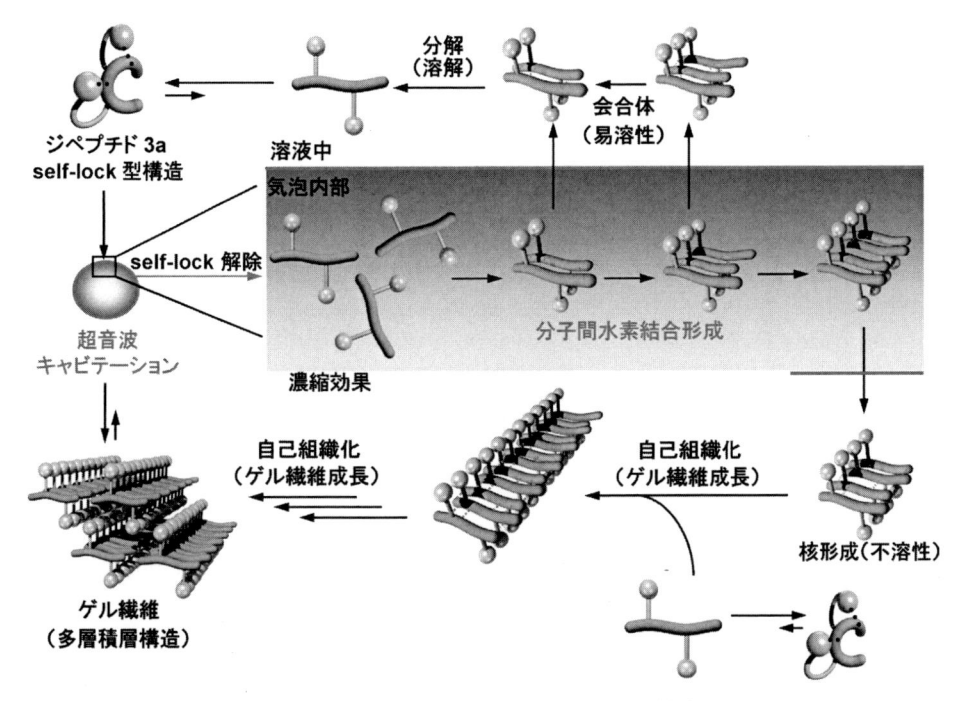

図 2.13 ジペプチド 3a の超音波ゲル化機構

いく．会合体の溶解度は成長するに従い低下し，ある一定の大きさに成長すると系外に放出されてゲル形成の核となる．図 2.7-(a)に示した速度論実験において誘導期間が観察されたことは，十分な大きさの核が生成するために一定時間以上の超音波照射が必要であることを考えると矛盾なく説明できる．こうして生成した核に対して水素結合フリーの中間体が次々と会合することによって，自己組織化が進行し溶液をゲル化させるのに十分な大きさの超分子集合体へと成長する．

ここで提案されたメカニズムから我々の見出した超音波ゲル化は，局所的かつランダムに加熱と冷却を繰り返すことによって生成したモノマー（水素結合フリー分子）が'核'を鋳型にして連続的に付加を繰り返す一種の重合反応と見ることもできる．系全体に熱エネルギーを加えて分子内水素結合を切断してもゲル形成が観察されないのは，熱によって生成した核が溶けてしまうことと，冷却過程において均質な核が生成せず，また連続的なモノマー供給が行われないためであると考えられる．実際，加熱-冷却によって得られた粉末状微結晶は XRD 測定によってアモルファス結晶であることを確認している．

超音波キャビテーションの力学作用は熱や光刺激とは異なる特異な分子挙動を誘起することが明らかにされつつあり[25]，分子物性制御のための古くて新しいツールとして改めて注目される様になった．我々が見出したキャビテーションによる自己組織化誘起に関する知見は分子の集合状態やダイナミクスを超音波刺激によって制御しうることを示唆している．そこで我々は

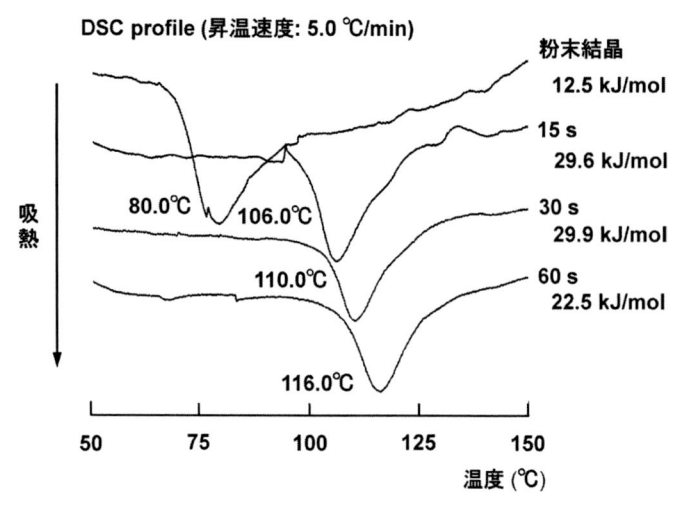

図 2.14 超音波を用いる超分子ゲル 3a の熱特性制御

　超音波刺激を用いた分子集積制御の可能性について検証を行う目的で，照射時間の異なる条件で調整したゲル 3a の熱特性測定を行った．その結果，図 2.14 に示すようにそれぞれ異なる吸熱ピーク（106℃：29.6 kJ mol^{-1}，110℃：29.9 kJ mol^{-1}，116℃：22.5 kJ mol^{-1}）を示し，照射条件によって分子集合の状態を制御できることを明らかにした．

2.5　異種金属集積型ペプチドの開発と機能開拓

　我々の手法を用いればメタル化アミノ酸の連結順序を変更するだけで望みの金属配列を実現することができる．得られた異種金属集積型ペプチドでは，異方性や異種金属間の相互作用に基づく新規物性の発現が期待される．そこで我々は，パラジウムと白金が結合した 3 種類のジペプチド 8-10 を新たに合成し，その物性や機能について詳しい研究を行った[26]．その結果，これらのジペプチドはゲル化能が大きく異なり，例えば EtOAc 溶液を用いた超音波ゲル化では，ゲル化に必要なジペプチドの最低濃度（mM）が 3a(7.0) > 9(12.5) > 8(13.0) > 10(17.5) の順に変化する．920 MHz NMR を用いた詳細な実験から最低ゲル化濃度の序列は Pd-Cl⋯H-N および Pt-Cl⋯H-N 結合強度の違いに由来することが明らかとなった．さらに我々はこれらジペプチドの電子物性を評価する目的で発光特性について詳しい検討を行った．ペプチドに導入した Pd ベンズアルジミン錯体は UV-vis 照射下においてほとんど発光しないが，Pt 錯体は顕著な発光挙動を示す．したがって，常識的には Pt-Pt 錯体 10 が最も強く発光すると予想される．しかし，実際には Pd-Pt 錯体 8 が最も強い発光強度を示し，8 > 9 > 10 > 3a の順に発光強度が変化する '異種金属配列効果' を示す（図 2.15）．この現象は Pd(Ⅱ) と Pt(Ⅱ) の酸化電位の差によってペプチド上に形成されるポテンシャル勾配がペプチド主鎖の分極方向

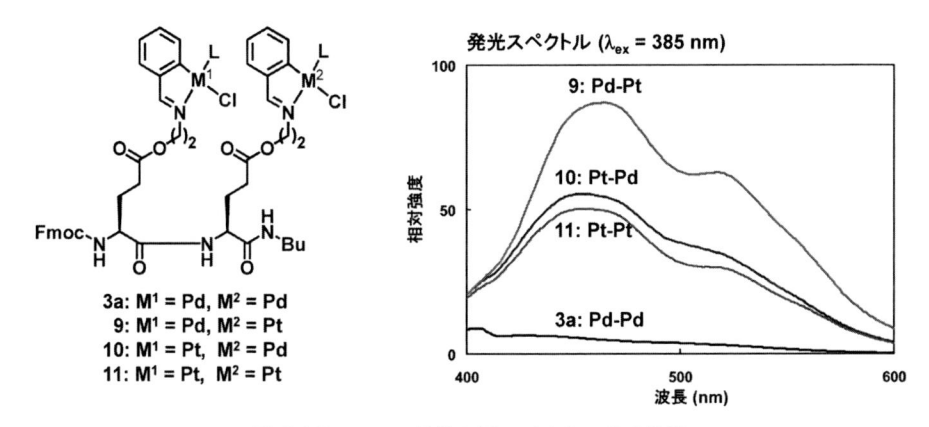

図 2.15　Pd-Pt 異種金属ペプチドの発光特性

と一致することによって効率の良い電子移動，もしくはエネルギー移動が起こるためと考えられる．

2.6　おわりに

　我々は金属が側鎖に化学結合したメタル化アミノ酸を開発し，これらの連結と自己組織化によって種々の有用金属元素を望みの組成・配列・空間配置に集積化する基礎的手法の開拓に成功した．本法を用いれば金属の相互作用や機能の連携を合理的にデザインすることが可能であり，これによって元素の組合せに基づく新規物性の探索や未知現象発見のための有効なツールを提供できると考えている．我々の研究がそのための一助となることを願ってやまない．

謝辞

　最後に，本稿で紹介した研究成果の多くは大阪大学大学院基礎工学研究科の直田健教授ならびに京都大学化学研究所の中村正治教授の御指導のもとに達成されたものであり深謝申し上げます．特に金属結合型グルタミンペプチドに関する研究成果の大半は共同研究者の磯崎勝弘博士の卓越した科学センスに負うところが大きく心より感謝致します．また，Pt 結合型グルタミンをはじめとする Pt 結合型アミノ酸研究については芳賀祐輔氏，尾形和樹氏（京大化研元素セ），笹野大輔氏（京大化研元素セ）の献身的な努力によって得られたものであり心より感謝致します．SPring-8 での XRD 測定においてお世話になった橋爪大輔博士（理研），三浦圭子博士（JASRI），井上勝晶博士（JASRI），太田　昇博士（JASRI），大橋祐二先生（東工大名誉，JASRI）に深謝します．

〈参考文献〉

1)　(a) K. Isozaki, H. Takaya, T. Naota, *Angew. Chem. Int. Ed.*, **46**, 2855 (2007)；(b) H. Takaya, K. Isozaki, M. Nakamura, *Syokubai*, **51**, 589 (2009)

第2章 メタル化ペプチドを用いる金属の精密集積制御

2) (a) 北川進 編著,集積型金属錯体―クリスタルエンジニアリングからフロンティアオービタルエンジニアリングへ,講談社,2001;(b) 大川尚志,伊藤翼 編著,集積型金属錯体の科学―物質機能の多様性を求めて,化学同人,2003;(c) "Molecular Self-Assembly：Organic Versus Inorganic Approaches" ed. by M. Fujita, Springer, Berlin, 2000, (d) "Transition Metals in Supramolecular Chemistry" Perspectives in Supramolecular Chemistry Vol. 5, ed. by J.-M. Sauvage, John Wiley and Sons, New York, 1999

3) For recent examples, see：N-coordination (a) S.-Y. Lai, T.-W. Lin, Y.-H. Chen, C.-C. Wang, G.-H. Lee, M.-h. Yang, M.-k. Leung, S.-M. Peng, *J. Am. Chem. Soc.*, **121**, 250 (1999), (b) L. I. Po-Chun, B. Marc, H. Hasan, C. I-W. Peter, T. Wei-Hsiang, F. Ming-Dung, R. Marie-Madeleine, C. Chun-hsien, L. Gene-Hsiang, S.-M. Peng, *Chem. Eur. J.*, **13**, 8667 (2007); π-coordination (c) T. Murahashi, M. Fujimoto, M. Oka, Y. Hashimoto, T. Uemura, Y. Tatsumi, Y. Nakao, A. Ikeda, S. Sakaki, H. Kurosawa, *Science*, **313**, 1104 (2006), (d) Y. Tatsumi, K. Shirato, T. Murahashi, S. Ogoshi, H. Kurosawa, *Angew. Chem. Int. Ed.*, **45**, 5799 (2006)

4) For recent examples, see：(a) S. Takaishi, D. Kawakami, M. Yamashita, M. Sasaki, T. Kajiwara, H. Miyasaka, K.-i. Sugiura, Y. Wakabayashi, H. Sawa, H. Matsuzaki, H. Kishida, H. Okamoto, H. Watanabe, H. Tanaka, K. Marumoto, H. Ito, S.-i. Kuroda, *J. Am. Chem. Soc.*, **128**, 6420 (2006), (b) S. Sato, J. Iida, K. Suzuki, M. Kawano, T. Ozeki, M. Fujita, *Science*, **313**, 1273 (2006), (c) R. Matsuda, R. Kitaura, S. Kitagawa, Y. Kubota, R. V. Belosludov, T. C. Kobayashi, H. Sakamoto, T. Chiba, M. Takata, Y. Kawazoe, Y. Mita, *Nature*, **436**, 238 (2005) and also a review for porous metal complexes, see：(d) W. Mori, T. Sato, C. Nozaki Kato, T. Takei, T. Ohmura, Kato, *Chem. Rec.*, **5**, 336 (2005)

5) For recent examples, see：Pt-Rh linkage (a) K. Uemura, K. Fukui, H. Nishikawa, S. Arai, K. Matsumoto, H. Oshio, *Angew. Chem. Int. Ed.*, **44**, 5459 (2005);Pt-Pt linkage (b) K. Sakai, M. Takeshita, Y. Tanaka, T. Ue, M. Yanagisawa, M. Kosaka, T. Tsubomura, M. Ato, T. Nakano, *J. Am. Chem. Soc.*, **120**, 11353 (1998)

6) (a) K. Tanaka, K. Kaneko, Y. Watanabe, M. Shionoya, *J. Chem. Soc., Dalton Trans.*, 5369 (2007);(b) T. Okada, K. Tanaka, M. Shiroc, M. Shionoya, *Chem. Commun.*, 1484 (2005);(c) K. Tanaka, K. Shigemori, M. Shionoya, *Chem. Commun.*, 2475 (1999)

7) (a) T. Koshiyama, N. Yokoi, T. Ueno, S. Kanamaru, S. Nagano, Y. Shiro, F. Arisaka, Y. Watanabe, *Small*, **4**, 50 (2008);(b) T. Ueno, M. Suzuki, T. Goto, T. Matsumoto, K. Nagayama, Y. Watanabe, *Angew. Chem., Int. Ed.*, **43**, 2527 (2004);(c) J. Dong, J. E. Shokes, R. A. Scott, D. G. Lynn, *J. Am. Chem. Soc.*, **128**, 3541 (2006)

8) (a) K. Tanaka, A. Tengeiji, T. Kato, N. Toyama, M. Shionoya, *Science*, **299**, 1212 (2003);(b) K. Tanaka, G. H. Clever, Y. Takezawa, Y. Yamada, C. Kaul, M. Shionoya, T. Carell, *Nature Nanotech.*, **1**, 190 (2006)

9) S. Atwell, E. Meggers, G. Spraggon, P. G. Schultz, *J. Am. Chem. Soc.*, **123**, 12364 (2001)

10) G. H. Clever, T. Carell, *Angew. Chem., Int. Ed.*, **46**, 250 (2007)

11) (a) D. Herebian, W. S. Sheldrick, *J. Chem. Soc., Dalton Trans.*, 966 (2002);(b) F. Wang, H. Chen, J. A. Parkinson, P. del Socorro, P. J. Sadler, *Inorg. Chem.*, **41**, 4509 (2002);(c) E. V. Krooglyak, G. M. Kazankov, S. A. Kurzeev, V. A. Polyakov, A. N. Semenov, A. D. Ryabov, *Inorg. Chem.*, **35**, 4804 (1996)

12) (a) B. Geißer, R. Alsfasser, *Inorg. Chim. Acta*, **348**, 179 (2003);(b) K. J. Kise, Jr., B. E. Bowler, *Inorg. Chem.*, **41**, 379 (2003);(c) M. R. Ghadiri, C. Soares, C. Choi, *J. Am. Chem. Soc.*, **114**, 825

(1992); (d) B. Imperiali, S. L. Fisher, *J. Am. Chem. Soc.*, **113**, 8527 (1991)

13) (a) R. Ziessel, *Synthesis*, **11**, 1665 (2001); (b) A. Khatyr, R. Ziessel, *Org. Lett.*, **3**, 1857 (2001); (c) D. J. Hurley, J. R. Roppe, Y. Tor, *Chem. Commun.*, 993 (1999)

14) (a) J. M. Wolff, W. S. Sheldrick, *J. Organomet. Chem.*, **531**, 141 (1997); (b) A. Gleichmann, J. M. Wolff, W. S. Sheldrick, *J. Chem. Soc., Dalton Trans.*, 1549 (1995); (c) W. S. Sheldrick, A. Gleichmann, *J. Organomet. Chem.*, **470**, 183 (1994); (d) R. M. Moriarty, Y.-Y. Ku, U. S. Gill, *J. Chem. Soc., Chem. Commun.*, 1837 (1987); (e) C. Sergheraert, J.-C. Brunet, A. Tartar, *J. Chem. Soc., Chem. Commun.*, 1417 (1982); (f) C. Sergheraert, A. Tartar, *J. Organomet. Chem.*, **240**, 163 (1982)

15) G. Guillena, G. Rodríguez, M. Albrecht, G. van Koten, *Chem. Eur. J.*, **8**, 5368 (2002)

16) (a) N. Aubert, V. Troiani, M. Gross, N. Solladié, *Tetrahedron Lett.*, **43**, 8405 (2002); (b) N. Solladié, A. Hamel, M. Gross, *Tetrahedron Lett.*, **41**, 6075 (2000) and see; (c) J. R. Dunetz, C. Sandstrom, E. R. Young, P. Baker, S. A. Van Name, T. Cthopolous, R. Fairman, J. C. de Paula, K. S. Akerfeldt, *Org. Lett.*, **7**, 2559 (2005)

17) unpublished result, see the theoretical study: T. Yamamura, T. Mori, Y. Tsuda, T. Taguchi, N. Josha, *J. Chem. Phys. A*, **111**, 2128 (2007) and reference cited therein.

18) For recent examples, see: (a) Z. D. Petrović, M. I. Djuran, F. W. Heinemann, S. Rajković, S. R. Trifunović, *Bioorg. Chem.*, **34**, 225 (2006); (b) O. Baldovino-Pantaleón, D. Morales-Morales, S. Hernández-Ortega, R. A. Toscano, J. Valdés-Martínez, *Cryst. Growth Des.*, **7**, 117 (2007)

19) (a) Y. J. Park, J.-S. Kim, K.-T. Youm, N.-K. Lee, J. Ko, H.-s. Park, M.-J. Jun, *Angew. Chem. Int. Ed.*, **45**, 4290 (2006); (b) J. C. M. Rivas, R. T. M. de Rosales, S. Parsons, *Dalton Trans.*, 2156 (2003)

20) (a) J. Makarević, M. Jokić, Z. Raza, Z. Štefanić, B. Kojić-Prodić, M. Žinić, *Chem. Eur. J.*, **9**, 5567 (2003); (b) W.-D. Jang, D.-L. Jiang, T. Aida, *J. Am. Chem. Soc.*, **122**, 3232 (2000); (c) T. Shimizu, S. Ohnishi, M. Kogiso, *Angew. Chem. Int. Ed.*, **37**, 3260 (1998); (d) N. Yamada, K. Ariga, M. Naito, K. Matsubara, E. Koyama, *J. Am. Chem. Soc.*, **120**, 12192 (1998); (e) Y. Ishikawa, H. Kuwahara, T. Kunitake, *J. Am. Chem. Soc.*, **116**, 5579 (1994); (f) K. Hanabusa, K. Okui, K. Karaki, T. Koyama, H. Shirai, *J. Chem. Soc., Chem. Commun.*, 1371 (1992)

21) (a) V. Percec, A. E. Dulcey, W. S. K. Balagurusamy, Y. Miura, J. Smidrkal, M. Peterca, S. Nummelin, U. Edlund, S. D. Hudson, P. A. Heiney, H. Duan, S. N. Magonov, S. A. Vinogradov, *Nature*, **430**, 764 (2004); (b) D. V. Soldatov, I. L. Moudrakovski, J. A. Ripmeeser, *Angew. Chem. Int. Ed.*, **43**, 6308 (2004)

22) P. B. Stathopulos, G. A. Scholz, Y.-M. Hwang, J. A. O.Rumfeldt, J. R. Lepock, E. M. Meiering, *Protein Science*, **13**, 3017 (2004)

23) (a) T. Naota, H. Koori, *J. Am. Chem. Soc.*, **127**, 9324 (2005); (b) J. M. J. Paulusse, R. P. Sijbesma, *Angew. Chem. Int. Ed.*, **45**, 2334 (2006) and reference cited therein.

24) (a) L. F. Drummy, D. M. Phillips, M. O. Stone, B. L. Farmer, R. R. Naik, *Biomacromolecules*, **6**, 3328 (2006); (b) M. Kogiso, Y. Okada, T. Hanada, K. Yase, T. Shimizu, *Biochimica et Biophysica Acta*, **1475**, 346 (2000)

25) (a) S. L. Potisek, D. A. Davis, N. R. Sottos, S. R. White, J. S. Moore, *J. Am. Chem. Soc.*, **129**, 13808 (2007); (b) C. R. Hickenboth1, J. S. Moore, S. R. White, N. R. Sottos, J. Baudry, S. R. Wi, *Nature*, **446**, 423 (2007)

26) unpublished result

第3章
金クラスターの精密合成・構造・物性およびその高機能化

根岸雄一　(Yuichi Negishi)
東京理科大学　理学部　応用化学科　講師

3.1　はじめに

　バルク金属をナノメートルサイズ（構成原子数にして数百原子程度）まで微細化した金属クラスターは，バルクではみられない物性や機能を示す．例えば，金は化学的に極めて安定で反磁性を示す金属として知られているが，そのクラスターは酸化触媒作用[1]や強磁性的なスピン偏極[2]を示す．このように，金属クラスターはサイズ特異的な機能を発現する潜在能力を持っており，機能性材料の構成単位として大きな期待が寄せられている．

　このような金属クラスターについて，その基本的性質を理解するためには，サイズの揃ったクラスターを対象に研究を展開することが必要となる．数～数十ナノメートルのサイズの金属クラスターについては，有機分子で保護された金属クラスターや担体に固定化された金属クラスターなどを対象に，粒径を揃えてクラスターを合成する技術が早くに確立され[3]，これらについてはその物性や機能についても深い理解が得られている．これらのクラスターについては現在では電子デバイス・触媒・センサーなどさまざまな機能性材料への応用が検討されている[4]．一方，1ナノメートル程度まで微少化した（構成原子数にして100原子以下）金属クラスターについては，その基本的性質が構成原子数に顕著な依存性を示すため，構成原子数が厳密に規定されたクラスターを対象に研究を展開することが必要となる．このような領域のクラスターについては，これまでは，気相孤立系での基礎的な研究が行われているのみであった．しかしながら，近年になり，チオラート[5-11]やホスフィン[12]，デンドリマー[13-18]などで保護された金属クラスターに関していくつかの精密合成法が確立され，その結果，1ナノメートル程度の金属クラスターについてもその安定性や構造・物性について深い理解が得られるようになった．さらに最近ではその技術や知見をもとに，より高次の機能をもったクラスターを創製することも取り組まれている．本章では，チオラートにより保護された金クラスターを取り上

げ，その精密合成法，安定性，構造，物性と，それらの高機能化に対する取り組みについて，筆者らの研究を中心に紹介する．

3.2 精密合成法

　金とチオラートは互いに結合しやすく，チオラートにより保護された金クラスター（チオラート保護金クラスター）は他の有機分子により保護された金属クラスターよりも高い安定性を示す．このため1994年のBrustらによる化学調製法の発表[19]以来，チオラート保護金クラスターは，機能性材料の構成単位として大きな注目を集め，盛んに研究が行われてきている．

　一般に，チオラート保護金クラスターは，溶液中において，金イオンとチオールの反応により得られる金-チオラートポリマーを，水素化ホウ素ナトリウムで化学的に還元することにより調製される．しかしながら，このような方法ではさまざまな構成原子数のクラスターが同時に生成するため，構成原子数の規定されたクラスターを得るためには，調製したクラスターを構成原子数ごとに分離し，その各々のクラスターを評価することが必要となる（図3.1）．親水性クラスターの場合には，ポリアクリルアミドゲル電気泳動（PAGE）法などの方法により構成原子数ごとに分離される[5-7]．また，疎水性クラスターの場合には，高速液体クロマトグラフィー（HPLC）や溶媒抽出法などの方法により構成原子数ごとに分離される[8]．分離された各々のクラスターの化学組成（コアの金属原子数と配位チオールの数）は質量分析法により決定される．これら一連の実験を行うことで，構成原子数の規定された金クラスターを系統的に単離することが可能となる（図3.1）．

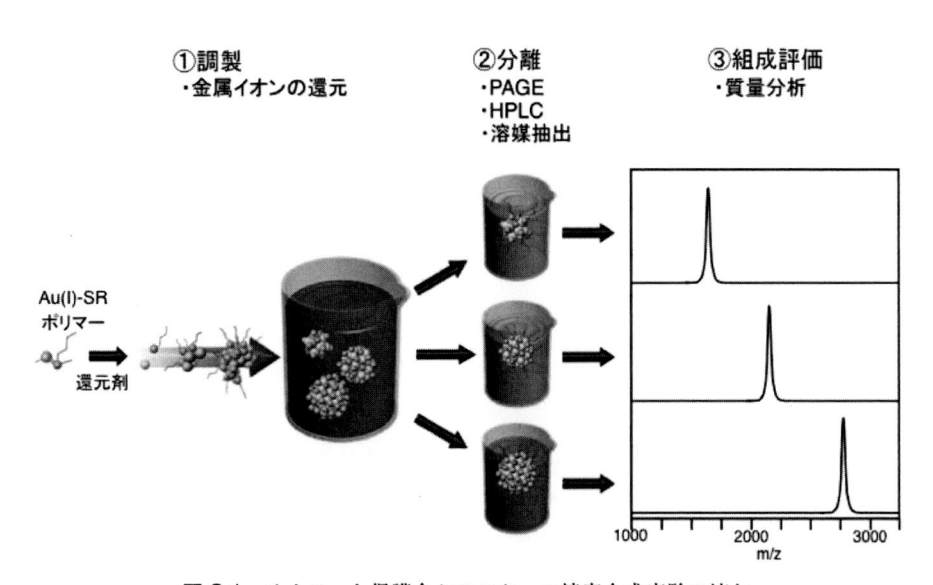

図3.1　チオラート保護金クラスターの精密合成実験の流れ

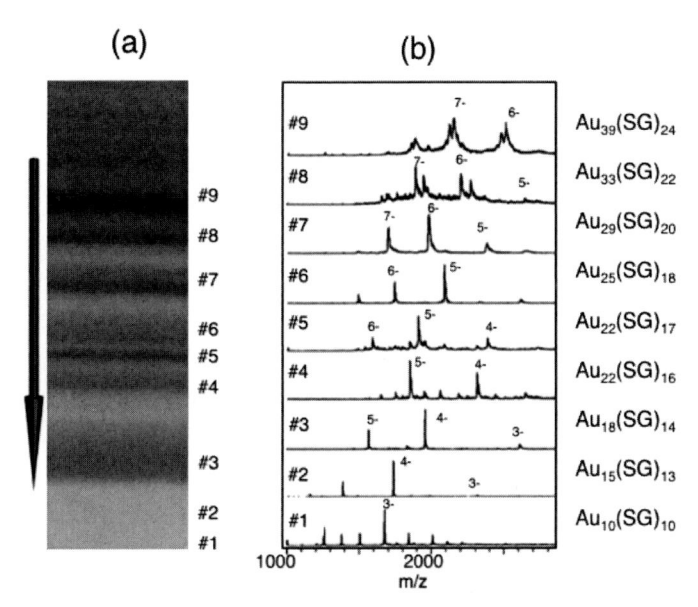

図 3.2　グルタチオン保護金クラスターの(a) PAGE によるサイズ分離と(b) ESI 質量スペクトル

　以下に，グルタチオン（GSH）と呼ばれる親水性チオールで保護された金クラスター（Au:SG）の精密合成の例を紹介する[6]．まず前述した方法により Au:SG クラスターを水中で調製する．調製条件を制御すると，粒径を 1 nm 程度まで抑えこむことが可能である．こうして得られた混合物に PAGE を適用し，Au:SG クラスターを複数のバンドに分離する（図 3.2(a)）．各バンド成分のゲルを切り出し，水中に放置することによってゲル中のクラスターを水中に溶出させる．そして各分画成分に含まれるクラスターの化学組成を質量分析法により評価する．イオン化にエレクトロスプレーイオン化法を用いると，Au:SG クラスターを破壊することなくイオン化させることが可能である．図 3.2(b)に，各成分の質量スペクトルを示す．いずれの成分の質量スペクトルにおいても複数のピークが観測されているが，これらはいずれもそれぞれ一種類の化学組成のクラスターの多価イオンのシリーズに帰属される．このことは，各成分にはそれぞれ単一の構成原子数をもつクラスターのみが含まれていること，すなわち，構成原子数の規定された金クラスターが系統的に単離されたことを示している．同様な手法は，異なる分子骨格をもつ親水性チオールに保護された金クラスターに対しても適用可能であることが報告されている[8,20,21]．

3.3　安定性・構造・物性

　こうして単離されたクラスターに対する多角的な測定およびその解析から，1 ナノメートル程度の金クラスターの安定性や構造・物性について深い理解が得られてきている．以下に，チ

オラート保護金クラスターの安定性・構造・物性に関する最近の知見をまとめる．

(1) 安定性

これまで，上記化学的凝集法で生成される金コアは，チオラート分子の構造に関係なくAu_{13}, Au_{55}, Au_{147} などの立方八面体形が選択的に得られるものと信じられていた．しかしながら，生成される金コアの系列はチオラート分子の構造に依存して変化することが明らかになった[8]．このことはチオラート保護金クラスターの安定性が，金コアの熱力学的な安定性ではなく，成長過程における速度論的な要因により支配されていることを示している．これらの多くは準安定状態にあり，チオール分子によるエッチング反応などサイズの減少を伴う化学反応によって，ある特定の化学組成をもつクラスターへと変化する．こうした反応により，$Au_{25}(SR)_{18}$（18個のチオラート（RS）に修飾されたAu_{25})[22], $Au_{38}(SR)_{24}$[23,24], $Au_{102}(SR)_{44}$[25], $Au_{144/146}(SR)_{60/59}$[23,26] などのクラスター（図3.3）が安定なクラスターであることが明らかにされた．

(2) 幾何構造

これまで，チオラートにより保護された金クラスターは，"金コアの周りをチオラート単分子膜が覆った構造"であると考えられてきた．しかしながら，単結晶X線構造解析により，チオラート保護金クラスターは，"金コアの周りを金-チオラートオリゴマーが覆った構造"であることが明らかにされた（図3.3）．例えば，$Au_{25}(SR)_{18}$では，正二十面体構造のAu_{13}コアの周りを6個の-SR-Au-SR-Au-SR-が覆った構造であることが示された[27]．より大きなサイズの$Au_{102}(SR)_{44}$では，接頭十面体構造のAu_{79}コアの周りを19個の-SR-Au-SR-と2個の-SR-Au-SR-Au-SR-が覆った構造であることが示されている[25]．いずれの例でも，対称性の高い安定な金クラスターがコアとして形成され，その表面原子全てに対してオリゴマーの硫黄

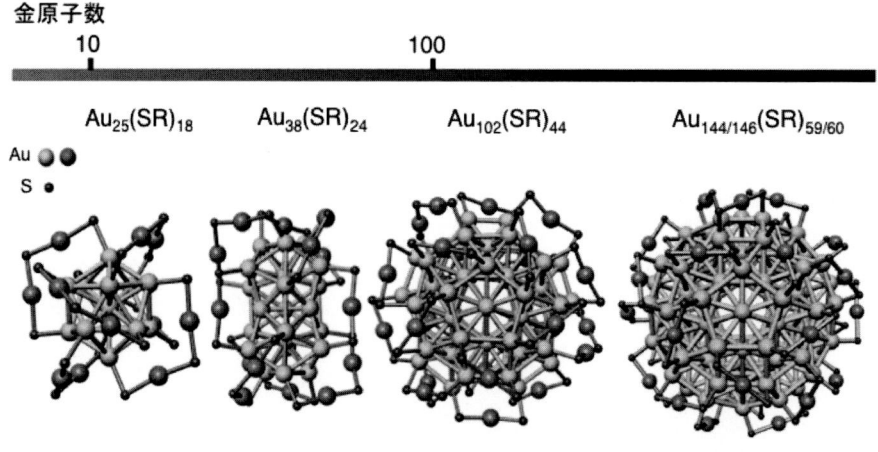

図3.3 チオラート保護金クラスターにおける安定クラスターとその幾何構造の一例．チオラートの分子骨格Rは省略した．大きい球が金，小さい球が硫黄を表す．

が結合している．これらのクラスターの特異的な安定性は，金-チオラートオリゴマーによる金コアの立体的保護によるものと考えることができる．

(3) 電子構造と物性

金コアのサイズ減少に伴い，金属的な電子構造が失われ，クラスター内にバンドギャップが発現することが明らかになった[6,7]．また，フォトルミネッセンスや光学活性など，バルクやナノ粒子ではみられない特異物性が発現することが明らかになった．例えば，$Au_{25}(SR)_{18}$，$Au_{38}(SR)_{24}$，$Au_{144/146}(SR)_{60/59}$ などは近赤外領域においてフォトルミネッセンスを示す[6,7]．また，$Au_{25}(SR)_{18}$ や $Au_{38}(SR)_{24}$ は可視領域にて円二色性を示す[28]．これらの物性の発現には，上述の金-チオラートオリゴマーが強く関与していると解釈されている．

3.4 高機能化への取り組み

3.4.1 機能性有機配位子との複合化

このような金クラスターをさらに機能化するにはどうしたらよいのであろうか？　その手段の一つには，周りを覆う有機配位子に機能をもたせることが挙げられる．ある機能をもった有機配位子で表面を覆うことで，クラスターに新たな化学的・物理的性質を付与したり，さらに高次の機能を付与することが可能であろう．実際，BINAPと呼ばれるキラリティーをもつホスフィンで保護された金クラスターは，不斉触媒作用を示すことが報告されている[29]．また，分子認識能をもつシクロデキストリンを保護分子とした場合には，クラスターに分子認識能を付与させられることが報告されている[30]．筆者らは，光照射によりトランス体からシス体へと異性化を起こすアゾベンゼンチオラート（図 3.4 (a)（Az）SH）を保護分子に用いることで，ク

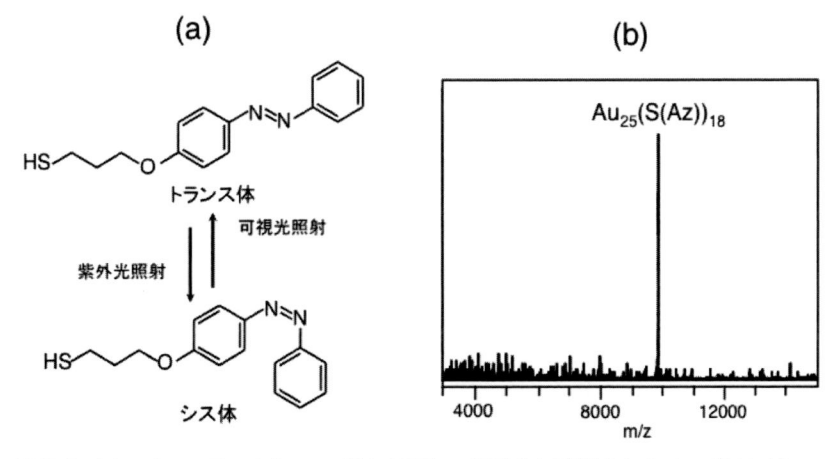

図 3.4 (a) アゾベンゼンチオール（(Az)SH）の構造と(b) 単離された $Au_{25}(S(Az))_{18}$ のマトリックス支援レーザー脱離イオン化（MALDI）質量スペクトル

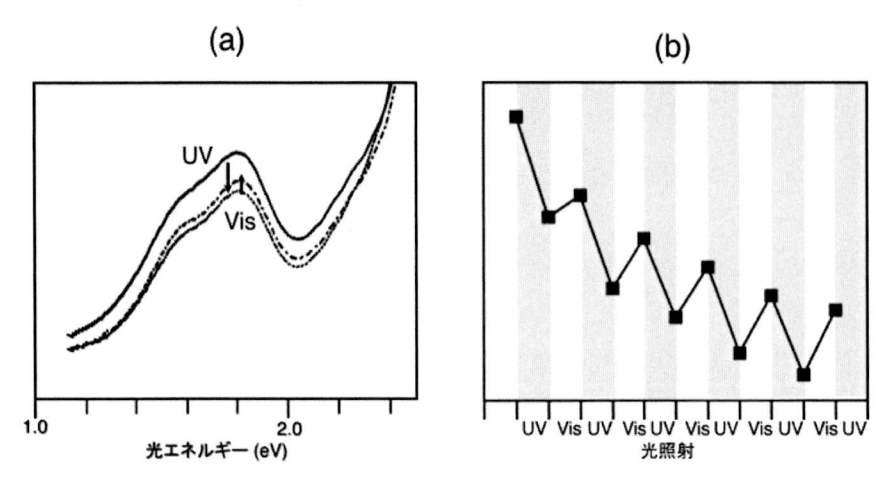

図3.5 (a)紫外光（UV）及び可視光（Vis）照射時の$Au_{25}(S(Az))_{18}$の吸収スペクトルの変化と(b) 1.8 eVのピーク強度の光応答挙動

ラスターに光応答性を付与させることに取り組んだ[31]．

この実験では，還元反応により調製されたAu:S(Az)クラスターから，サイズ排除クロマトグラフィー（SEC）を用いることで$Au_{25}(S(Az))_{18}$のみを高純度で単離した（図3.4(b)）．得られた$Au_{25}(S(Az))_{18}$をアセトンに溶解させ，そこに紫外光を照射することでアゾベンゼンチオラートをトランス体からシス体へ，また可視光を照射することでシス体からトランス体へと変化させた．図3.5(a)には，クラスターのアセトン溶液の紫外可視吸収スペクトルを示す．スペクトル中において観測される1-2.5 eVの吸収は金コアの吸収に帰属される．クラスター溶液に紫外光を照射すると，この領域の吸収が大きく減少する．一方，紫外光照射後の溶液に可視光を照射すると，今度はわずかながらこの領域の吸収が増加する．光照射によるこのような1-2.5 eVの吸収の増減は繰り返し観測された（図3.5(b)）．これらの結果は，光照射により金コアの電子構造が繰り返し変化したことを示している．こうして光照射によりクラスターの電子構造が変化する理由については次の二つが考えられる；(1) トランス体-シス体間の異性化に伴い，表面のアゾベンゼンチオラート同士の立体障害の大きさが変化する．これが根本の金コアに影響を及ぼして，金コアの幾何構造が変化し，結果として電子構造が変化する．(2) トランス体-シス体間の異性化に伴い，金コアと結合している硫黄の極性が変化する．この極性の変化により，界面での金-硫黄間の電荷移動の大きさが変化するため，金コアの電子構造が変化する．現状では，このどちらが主な要因となっているかについては明らかとなっていないが，これらの結果は，安定な金クラスターの電子構造に光応答性を付与する上で，アゾベンゼンチオラートとの複合化は極めて有効な手段であることを示している．

3.4.2 異原子ドープ

　安定な金クラスターを機能化させる上では，その金属コアに異原子をドープすることも一つの手段であると考えられる．実際，デンドリマーと呼ばれる超分子の内部で合成された金属二成分クラスターについては，単成分からなる金属クラスターとは異なる触媒活性を示すことが報告されている[14]．また，気相孤立系での基礎研究からも，異原子をドープすることでクラスターの安定性や物性が大きく変化した例が数多く報告されている[32]．筆者らは，チオラート保護金クラスターについても，金属コアに異原子をドープすることで，これらを異なる安定性や物性をもつクラスターへと変換できないかと考えた．そこで $Au_{25}(SR)_{18}$ にパラジウムや銀をドープしてみたところ，$Au_{25}(SR)_{18}$ よりもさらに安定なクラスターや $Au_{25}(SR)_{18}$ とは異なる物性をもつクラスターを創製することに成功した．

(1) パラジウムドープ[33]

　この実験ではまず，チオールとパラジウムイオンおよび金イオンとの反応により得られたポリマーを水素化ホウ素ナトリウムで化学的に還元することで金-パラジウム二成分クラスターを調製した．調製したクラスターから，溶解度の違いや逆相クロマトグラフィーを利用して，$Pd_1Au_{24}(SR)_{18}$ のみを高純度で単離した（図3.6(a)）．単離された $Pd_1Au_{24}(SR)_{18}$ の幾何構造に関し，実験と理論計算の両面から検討したところ，$Pd_1Au_{24}(SR)_{18}$ は $Au_{25}(SR)_{18}$ の中心の金原子がパラジウムに置き換わったコア-シェル型の構造をとっていることが明らかになった（図3.6(b)）．

　こうして単離された $Pd_1Au_{24}(SR)_{18}$ は $Au_{25}(SR)_{18}$ よりも溶液中での劣化に対して高い安定性を示す．例えば，$Pd_1Au_{24}(SR)_{18}$ と $Au_{25}(SR)_{18}$ を50℃のトルエン溶液中で攪拌し続けると，$Au_{25}(SR)_{18}$ が先に壊れてゆく．図3.7(a)には，このトルエン溶液の紫外可視吸収スペクトルの時間変化を示す．時間の経過とともに，混合溶液の吸収スペクトルが連続的に変化し，30日

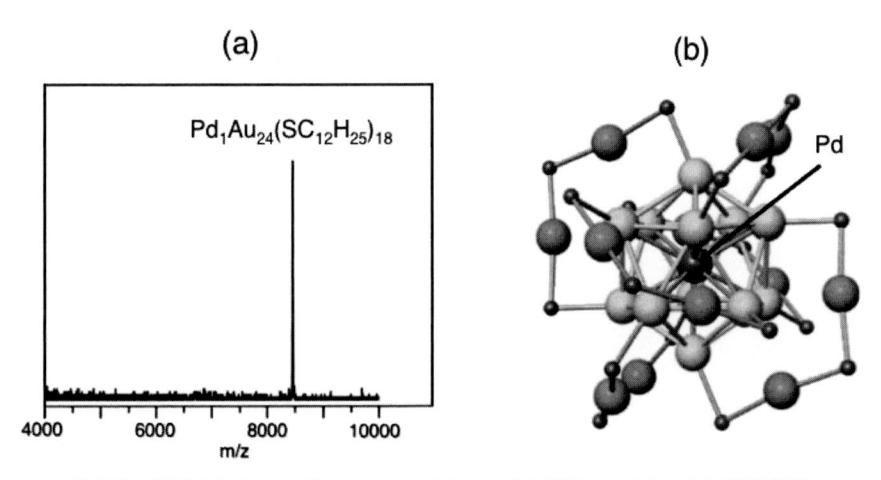

図3.6　単離された $Au_{25}(SC_{12}H_{25})_{18}$ の(a) MALDI 質量スペクトルと(b)幾何構造

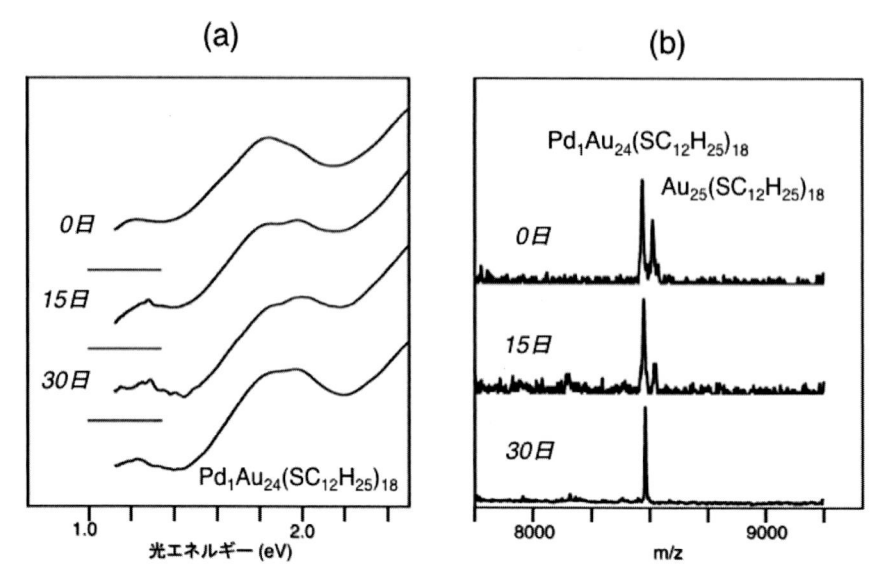

図 3.7　50℃のトルエン溶液中における $Pd_1Au_{24}(SC_{12}H_{25})_{18}$ と $Au_{25}(SC_{12}H_{25})_{18}$ の混合物の(a)紫外可視吸収スペクトルと(b) MALDI 質量スペクトル

後のスペクトルは $Pd_1Au_{24}(SR)_{18}$ のスペクトルと良く一致しているようすが見て取れる．実際，30日後の混合物の質量スペクトルには $Pd_1Au_{24}(SR)_{18}$ のピークのみが観測されている（図3.7(b)）．パラジウム置換による安定性の向上は，レーザー解離に対しても同様に観測されている．こうしたパラジウムドープによる安定性の向上については，中心原子と周りの $Au_{24}(SR)_{18}$ ケージとの相互作用エネルギーの差が要因になっていると考えられる．Jiang らの DFT 計算によると，中心原子を金からパラジウムに置き換えると，中心原子と周りの $Au_{24}(SCH_3)_{18}$ ケージとの間の相互作用エネルギーが 2.9 eV 増加する．中心原子を金からパラジウムに置き換えることで，より強固な正二十面体金属コアが形成されるため，$Pd_1Au_{24}(SR)_{18}$ は $Au_{25}(SR)_{18}$ よりも熱力学的に，またレーザー解離に対して高い安定性を示すものと考えられる．パラジウムドープによる安定性の向上は，もう一まわり大きな安定クラスターである $Au_{38}(SR)_{24}$ についても観測されている[34]．これらの結果は，安定な金クラスターをさらに安定化させる上で，パラジウムドープは極めて有効な手段であることを示している．

(2) 銀ドープ[35]

コアにドープする元素に金と同族の銀を用いた場合には，より多くの金原子が銀原子に置き換わった $Ag_nAu_{25-n}(SR)_{18}$ が合成される．クラスター内に含まれる銀原子数は最初に加える銀イオンの濃度比の増加とともに連続的に増加し，銀イオンと金イオンの濃度比を 20：5 とした場合には，クラスター内に含まれる銀原子の数は 9 個まで増加した（図 3.8）．金と銀は原子半径がほぼ同じであり，どちらも一つの価電子をもっている．それゆえ，両者は容易に置換しやすく，金銀二成分系の場合には，複数の金原子が銀原子に置き換わった $Ag_nAu_{25-n}(SR)_{18}$（n

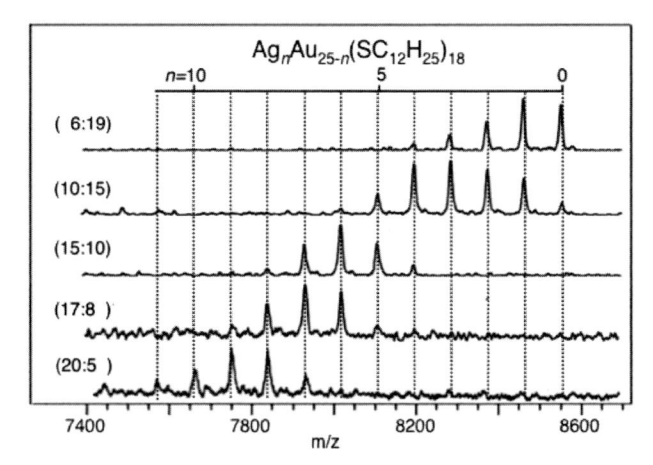

図 3.8 Au$_n$Au$_{25-n}$(SC$_{12}$H$_{25}$)$_{18}$ の MALDI 質量スペクトル．（　）の数字は，最初に加える銀イオン［Ag$^+$］と金イオン［Au^{3+}］の濃度比を表す．

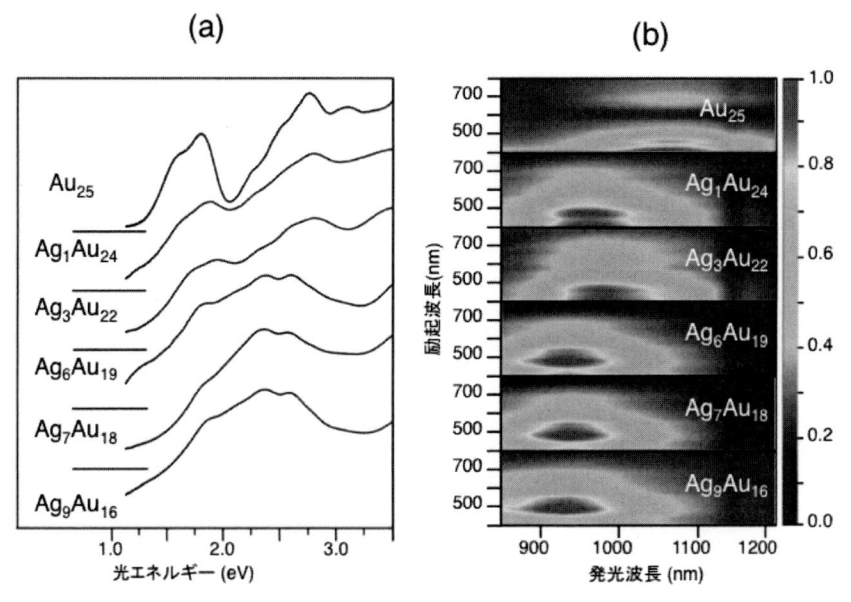

図 3.9 Ag$_n$Au$_{25-n}$(SC$_{12}$H$_{25}$)$_{18}$ (n = 0-9) の(a)紫外可視吸収スペクトルと(b)フォトルミネッセンススペクトル

= 0-9) が安定に生成するものと考えられる．

図 3.9(a)に，さまざまな化学組成の Ag$_n$Au$_{25-n}$(SR)$_{18}$ (n = 0-9) の紫外可視吸収スペクトルを示す．こうして金原子を銀原子で置き換えてゆくことで，クラスターの吸収スペクトルが連続的に変化してゆくようすが見て取れる．このことは，銀原子の混入により，クラスターの電子構造が連続的に変化することを示している．前述した通り，1-2.5 eV の吸収は，中心の正二十面体 Au$_{13}$ コアの吸収に帰属される．銀原子が混入することでこの領域の吸収が連続的に

変化することは，銀原子は中心の正二十面体金属コアに混入していること，すなわち正二十面体金属コアが二成分化することでこうした電子構造の変化が引き起こされていることを示している．このような電子構造の変化により，クラスターの発光特性が連続的に変化することがわかった．図3.9(b)に，$Ag_nAu_{25-n}(SR)_{18}$ (n = 0-9) のフォトルミネッセンススペクトルを示す．この実験では，570 nmの光でクラスターを励起し，その発光スペクトルを測定した．$Au_{25}(SR)_{18}$ は1,060 nm付近の波長で発光を示すが，銀原子をドープした $Ag_nAu_{25-n}(SR)_{18}$ (n = 0-9) はより短波長側で発光を示すようすが見て取れる．発光波長は，銀原子の混入数とともに連続的に短波長側にシフトする．これらの結果は，安定な金クラスターを異なる発光特性を有するクラスターへと変換する上で，銀ドープは極めて有効な手段であることを示している．

3.5 その他の金属クラスター―銀クラスターの研究例―

このように，金クラスターについては，それらを精密に合成し，その基本的性質について研究を行うことが可能となった．一方で，金以外の金属クラスターについてはその精密合成の報告例はほとんどない．金と同族から構成されるチオラート保護銀クラスター（Ag:SR）でさえ，筆者の知る限り，これまでその精密合成に成功した例はほとんどない．このようにAg:SRクラスターにおける研究が滞っている理由の一つには，Ag:SRクラスターは酸化されやすく，取り扱いにくいことが挙げられる．Ag:SRクラスターを精密に合成するためには，酸化されにくいAg:SRクラスターを対象に研究を展開することが必要となる．近年，Murrayらは，配位子に4-*tert*-ブチルベンジルメルカプタンを用いると，他のチオラートで保護されたAg:SRクラスターと比べて酸化されにくいクラスター（Ag:SBB）を調製できることを報告した[36]．

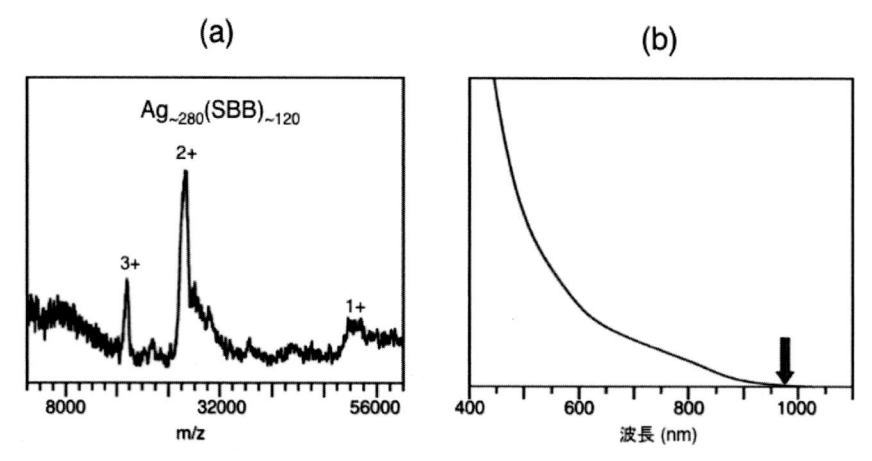

図3.10 チオラート保護銀クラスターにおける安定クラスターの(a) MALDI質量スペクトルと(b)紫外可視吸収スペクトル．(b)において矢印は吸収の立ち上がりを示す．

筆者らはこの報告に注目し，Ag:SBBクラスターに対し，チオールとの反応実験を行ったところ，Ag$_{\sim 280}$(SBBT)$_{\sim 120}$の化学組成のクラスターを高純度で単離することに成功した（図3.10(a)）[37]．図3.10(b)に，Ag$_{\sim 280}$(SBBT)$_{\sim 120}$の紫外可視吸収スペクトルを示す．可視-近赤外領域において吸収の立ち上がりが存在するようすが見て取れる．大きなナノ粒子（>2 nm）に特徴的な~420 nm付近のプラズモン吸収は観測されていない．これらの結果は，小さなAg:SRクラスターにおいては，Au:SRクラスターの場合同様，金属的な電子構造が失われ，クラスター内にバンドギャップが発現していることを示している．先に述べたように，こうしたクラスターでは，大きなナノ粒子とは異なる物性や機能を発現させていることが期待される．今後はこれらのクラスターの化学的・物理的性質についても明らかにしたいと考えている．

3.6　まとめと今後

　本章では，1ナノメートル程度の金クラスターの精密合成法，構造，物性およびその高機能化に関する最近の研究成果について紹介した．こうした研究はまだ端緒についたばかりであり，現状では，基礎技術の確立と基本的性質の解明に主眼が置かれ研究が進められている．一方で，このような金属クラスターは単電子デバイスの基本素子としての利用が期待されている．金属クラスターとソース・ドレイン・ゲートからなるトランジスターでは，金属クラスターに一つの電子だけを出し入れするときに要する静電エネルギーが，室温でのエネルギーノイズよりも充分に大きいため，単一電子で駆動させることが可能となる．また，金などの無公害元素からなるクラスターについては，その発光特性を利用したバイオ診断などへの応用も可能であろう．患部に付着する官能基をもつチオールを配位子とすることで，クラスターを患部に付着させ，発光により患部を特定することが可能であると考えられる．銀クラスターについては表面吸着分子のラマン散乱強度を著しく増加する効果をもつことから，高感度センサーなどへの応用が期待されている．また高い導電性を示すことから導電フィルムなどへの応用も期待されている．今後は，基礎技術のさらなる発展とともに，本章で紹介した金属クラスターの応用に関する研究も進められることが期待される．

謝辞
　パラジウムドーピングに関する研究は，信定克幸准教授（分子科学研究所）との共同研究である．また，銀クラスターに関する研究は，佃達哉教授（北海道大学）との共同研究である．執筆にあたっては新堀佳紀君，藏重亘君に有益な助言をいただいた．イラストは新堀佳紀君のご協力による．本研究は，科研費，日揮実吉奨学会研究助成の支援のもとで行われた．

第3章 金クラスターの精密合成・構造・物性およびその高機能化

〈参考文献〉

1) M. Haruta, N. Yamada, T. Kobayashi, S. Iijima, *J. Catal.*, **115**, 301 (1989)
2) Y. Yamamoto, T. Miura, M. Suzuki, N. Kawamura, H. Miyagawa, T. Nakamura, K. Kobayashi, T. Teranishi, H. Hori, *Phys. Rev. Lett.*, **93**, 116801 (2004)
3) T. Teranishi, S. Hasegawa, T. Shimizu, M. Miyake, *Adv. Mater.*, **13**, 1699 (2001)
4) M.-C. Daniel, D. Astruc, *Chem. Rev.*, **104**, 293 (2004)
5) Y. Negishi, Y. Takasugi, S. Sato, H. Yao, K. Kimura, T. Tsukuda, *J. Am. Chem. Soc.*, **126**, 6518 (2004)
6) Y. Negishi, K. Nobusada, T. Tsukuda, *J. Am. Chem. Soc.*, **127**, 5261 (2005)
7) Y. Negishi, Y. Takasugi, S. Sato, H. Yao, K. Kimura, T. Tsukuda, *J. Phys. Chem. B*, **110**, 12218 (2006)
8) H. Tsunoyama, Y. Negishi, T. Tsukuda, *J. Am. Chem. Soc.*, **128**, 6036 (2006)
9) R. C. Price, R. L. Whetten, *J. Am. Chem. Soc.*, **127**, 13750 (2005)
10) J. B. Tracy, G. Kalyuzhny, M. C. Crowe, R. Balasubramanian, J.-P. Choi, R. W. Murray, *J. Am. Chem. Soc.*, **129**, 6706 (2007)
11) A. Dass, A. Stevenson, G. R. Dubay, J. B. Tracy, R. W. Murray, *J. Am. Chem. Soc.*, **130**, 5940 (2008)
12) Y. Shichibu, Y. Negishi, T. Watanabe, N. K. Chaki, H. Kawaguchi, T. Tsukuda, *J. Phys. Chem. C*, **111**, 7845 (2007)
13) M. Zhao, L. Sun, R. M. Crooks, *J. Am. Chem. Soc.*, **120**, 4877 (1998)
14) H. Ye, R. M. Crooks, *J. Am. Chem. Soc.*, **129**, 3627 (2007)
15) J. Zheng, J. T. Petty, R. M. Dickson, *J. Am. Chem. Soc.*, **125**, 7780 (2003)
16) J. Zheng, C. Zhang, R. M. Dickson, *Phys. Rev. Lett.*, **93**, 077402 (2004)
17) I. Nakamula, Y. Yamanoi, T. Yonezawa, T. Imaoka, K. Yamamoto, H. Nishihara, *Chem. Commun.*, **44**, 077402 (2004)
18) K. Yamamoto, T. Imaoka, W.-J. Chun, O. Enoki, H. Katoh, M. Takenaga, A. Sonoi, *Nature Chem.*, **1**, 397 (2009)
19) M. Brust, M. Walker, D. Bethell, D. J. Schiffrin, R. Whyman, C. Kiely, *J. Chem. Soc., Chem. Commun.*, 801 (1994)
20) H. Yao, K. Miki, N. Nishida, A. Sasaki, K. Kimura, *J. Am. Chem. Soc.*, **127**, 15536 (2005)
21) C. Gautier, T. Bürgi, *J. Am. Chem. Soc.*, **128**, 11079 (2006)
22) Y. Shichibu, Y. Negishi, H. Tsunoyama, M. Kanehara, T. Teranishi, T. Tsukuda, *Small*, **3**, 835 (2007)
23) N. K. Chaki, Y. Negishi, H. Tsunoyama, Y. Shichibu, T. Tsukuda, *J. Am. Chem. Soc.*, **130**, 8608 (2008)
24) H. Qian, W. T. Eckenhoff, Y. Zhu, T. Pintauer, R. Jin, *J. Am. Chem. Soc.*, **132**, 8280 (2010)
25) P. D. Jadzinsky, G. Calero, C. J. Ackerson, D. A. Bushnell, R. D. Kornberg, *Science*, **318**, 418 (2007)
26) O. Lopez-Acevedo, J. Akola, R. L. Whetten, H. Grönbeck, H. Häkkinen, *J. Chem. Phys.*, **113**, 5035 (2009)
27) M. W. Heaven, A. Dass, P. S. White, K. M. Holt, R. W. Murray, *J. Am. Chem. Soc.*, **130**, 3754 (2008)

〈参考文献〉

28) O. Lopez-Acevedo, H. Tsunoyama, T. Tsukuda, H. Häkkinen, C. M. Aikens, *J. Am. Chem. Soc.*, **132**, 8210 (2010)
29) M. Tamura, H. Fujiwara, *J. Am. Chem. Soc.*, **125**, 15742 (2003)
30) Y. Negishi, H. Tsunoyama, Y. Yanagimoto, T. Tsukuda, *Chem. Lett.*, **34**, 1638 (2005)
31) Y. Negishi, K. Watanabe, S. Sugiyama, *submitted*.
32) M. Akutsu, K. Koyasu, J. Atobe, N. Hosoya, K. Miyajima, K. Mitsui, A. Nakajima, *J. Phys. Chem.*, **110**, 12073 (2006)
33) Y. Negishi, W. Kurashige, Y. Niihori, T. Iwasa, K. Nobusada, *Phys. Chem. Chem. Phys.*, **12**, 6219 (2010)
34) Y. Negishi, K. Igarashi, K. Nobusada, *submitted*.
35) Y. Negishi, T. Iwai, M. Ide, *Chem. Commun.*, **46**, 4713 (2010)
36) M. R. Branham, A. D. Douglas, A. J. Mills, J. B. P. S. White, R. W. Murray, *Langmuir*, **22**, 11376 (2006)
37) Y. Negishi, R. Arai, T. Tsukuda, *submitted*.

第4章
自己組織化を利用した有限分子集積

吉沢道人 （Michito Yoshizawa）
東京工業大学　資源化学研究所　准教授

4.1　はじめに

　芳香族分子をシート状に広げた多環芳香族分子は，二次元的な共役π電子の拡張により興味深い性質を示す．また，多環芳香族分子はカラム状に集積することで，効率的な分子間π電子相互作用により，単一分子では観測されない特異物性が発現する（図4.1）[1-3]．しかしながら，多環芳香族分子を正確に積み重ねる従来の手法は，分子への特別な化学修飾，または古典的な結晶化にほとんど限られていた．加えて，結晶中では多環芳香族分子は互いにずれた配置で積層する傾向があり，共役π電子系の三次元的な集積化を自在に設計することや厳密に制御することは困難であった．多環芳香族分子を基軸とした新規な高機能性材料の創製には，芳香族π電子系を三次元的に精密構築する新たな戦略が必要不可欠である．最近著者らは，有機配位子と金属イオンの自己組織化により形成する箱型錯体を活用することで，水溶液中で，種々の多環芳香族分子を有限に集積する有効な方法を開発した[4,5]．本章では，有限分子集積体の設計と構築，そして集積体特有の性質について紹介する．

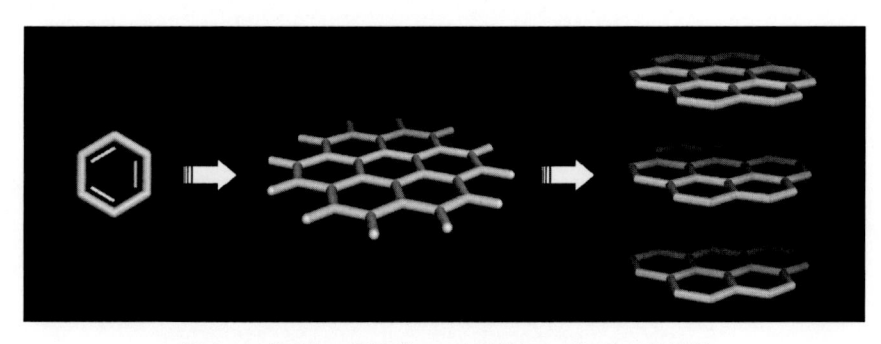

図4.1　芳香族π電子系の二次元的および三次元的拡張

4.2 箱型錯体の設計と構築

多環芳香族分子の有限集積体に関して，これまでにいくつもの合成例が報告されている．そのほとんどが，複数の多環芳香族分子の1カ所または2カ所を共有結合で連結した化合物である（図4.2)[6-12]．これらはユニークな構造体であるが，個々の分子を共有結合で直接連結する必要があるため，用いられる多環芳香族分子に制限がある．また，集積数の増加に伴い，合成の煩雑化や収率の低下などの問題が生じる．そこで著者らは，自己組織化を鍵とする新たな手法で，数や種類，順序を厳密に制御した有限分子集積体の構築に挑戦した．

有限分子集積体の新合成戦略として，配位結合を利用した三次元箱型錯体の利用を考案した．すなわち，2つのパネル状配位子と3つのピラー状配位子，それらを6つの金属イオンで連結した箱型錯体を設計して，その錯体内に多環芳香族分子を集積する戦略である（図4.3)[13,14]．この分子設計の特徴は，非共有結合相互作用により錯体内に分子を集積するため，特別な化学修飾が必要なく様々な多環芳香族分子を集積できる点である．また，集積した分子を自由に出し入れすることができる．さらに，適切な長さのピラー状配位子を用意するだけで，錯体内に集積する多環芳香族分子の数を自在に制御できる点である．

上記の分子設計に基づいて，最適な有機配位子と金属イオンを探索した．その結果，3つのピリジル基を有するパネル状の三座配位子，ビピリジル誘導体からなるピラー状の二座配位子，エチレンジアミンで配位部位を規制した硝酸パラジウム錯体を用いることで目的の箱型錯

図4.2　多環芳香族分子の有限集積体

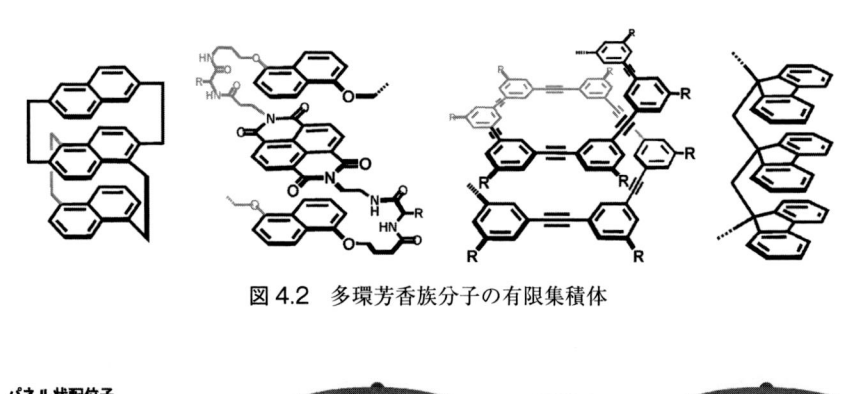

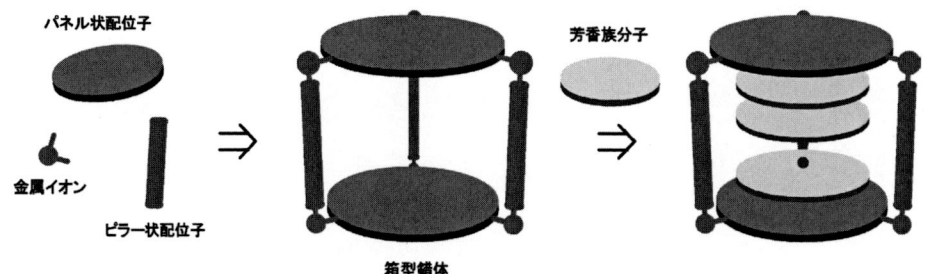

図4.3　三次元箱型錯体を活用した有限分子集積体の構築

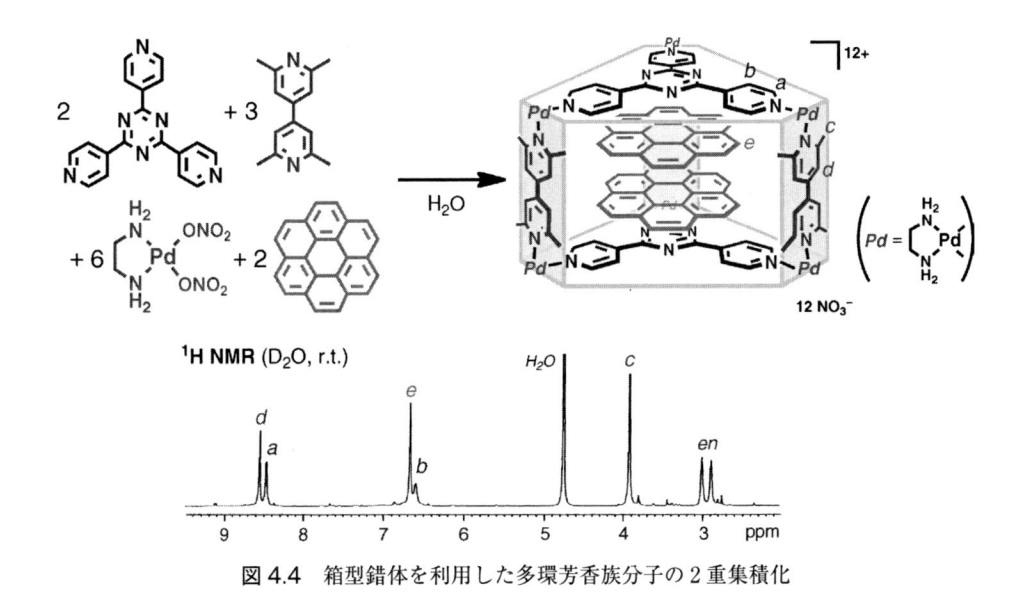

図 4.4 箱型錯体を利用した多環芳香族分子の 2 重集積化

体が効率良く構築できることが明らかになった．実際には，小過剰の多環芳香族分子（例えば，コロネン）の存在下，上記のパネル状配位子，ピラー状配位子，パラジウム錯体を 2：3：6 の比率で，水中で加熱撹拌することで，内部に芳香族分子を 2 重集積した箱型錯体をほぼ定量的に合成することに成功した（図 4.4）[13]．この構造体は，有機配位子とパラジウム錯体との配位結合と，箱型錯体骨格と多環芳香族分子の π-スタッキングおよび疎水性相互作用を駆動力として組み上がった．多環芳香族分子は，箱型錯体形成の鋳型（テンプレート）としても機能している．そのため，得られた構造体は高い安定性を示し，溶液状態はもとより固体状態でも安定に存在した．この集積体の構造は，NMR や質量分析，X 線結晶構造解析で決定した．結晶構造解析から，箱型錯体内に集積した 2 つの多環芳香族分子は，3.3 nm の面間距離で垂直方向に π-スタッキングしていることが判明した．また，その芳香族分子は，箱型錯体のパネル部分と 3.4 nm の面間距離で π-スタッキングしていた．

4.3　極性芳香族分子の段階的集積化

上述の箱型錯体内では，ピレンやペリレン，ポルフィリンなどの比較的大きな多環芳香族分子も簡単に 2 分子集積した[13,15]．そこで当初の分子設計に基づき，箱型錯体のピラー状配位子を伸長するだけで，多環芳香族分子の段階的な集積化が可能であるかを検討した．ここでは，分子内に双極子モーメントを有する極性芳香族分子，ピレン-4,5-ジオンに着目した．ピレン-4,5-ジオンは，比較的大きな双極子モーメント（6.1 〜 6.7 D）を有することから，結晶中では，180 度ずつずれた無限の集積構造を形成する[16]．しかしながら，その相互作用は弱いため，溶

第 4 章　自己組織化を利用した有限分子集積

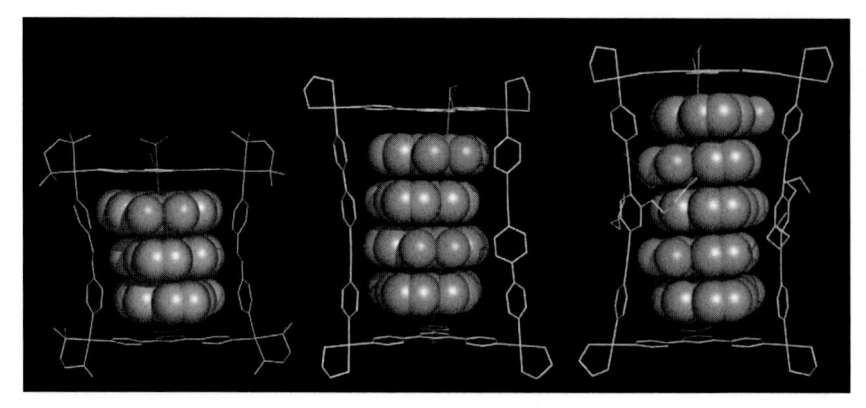

図 4.5　箱型錯体内でのピレン-4,5-ジオンの 3 重集積体（結晶構造），4 重および 5 重集積体（最適化構造）

液中での集積構造は観測されない．それに対して，水溶液中，ピラー状配位子を伸長した箱型錯体内では，3 分子のピレンジオンが選択的に集積することを見出した．特徴的に，集積した 3 分子のピレンジオンは，全体での双極子モーメントをキャンセルすべく，120 度ずつずれて配向していることが結晶構造解析で明らかになった（図 4.5)[17]．さらに，ピラー状配位子を芳香族分子の 1 つおよび 2 つ分（約 3.3 Å および 6.6 Å）の厚みだけ伸長することで，箱型錯体内に 4 分子および 5 分子のピレンジオンも段階的に集積することに成功した[18]．これらの集積構造は，詳細な NMR 解析によって明らかになった．以上のように，サイズの異なる箱型錯体を利用することで，段階的な多環芳香族分子の集積化を達成した．

4.4　混合原子価状態の安定化

箱型錯体内で形成した分子集積体は，通常の溶液や固体中とは異なる性質を示した．テトラチアフルバレン（TTF）は有機伝導体材料として注目され，その集積構造と電気的性質について興味が持たれている[19]．そこで著者らは，箱型錯体内を活用することで TTF の 2 分子集積体を簡便に作成して，その電気化学的性質を調査した．水中で集積錯体を一電子酸化したところ（180 mV で定電位電解），2 分子の TTF うちの 1 分子のみがカチオンラジカル種になった混合原子価状態を生成することに成功した（図 4.6)[20]．その吸収スペクトルの測定では，2,000 nm 付近に特徴的な吸収帯が観測され，混合原子価状態を取っていることが判明した．このような分子間での電子の非局在化状態は通常不安定であるが，箱型骨格による集積構造の固定化と孤立化により，室温および水溶液中であるにもかかわらず安定に観測できた．また，この集積錯体をさらに一電子酸化したところ（400 mV で定電位電解），吸収スペクトルで 760 nm 付近に特徴的な吸収帯が観測され，TTF のカチオンラジカルダイマーの生成が明らか

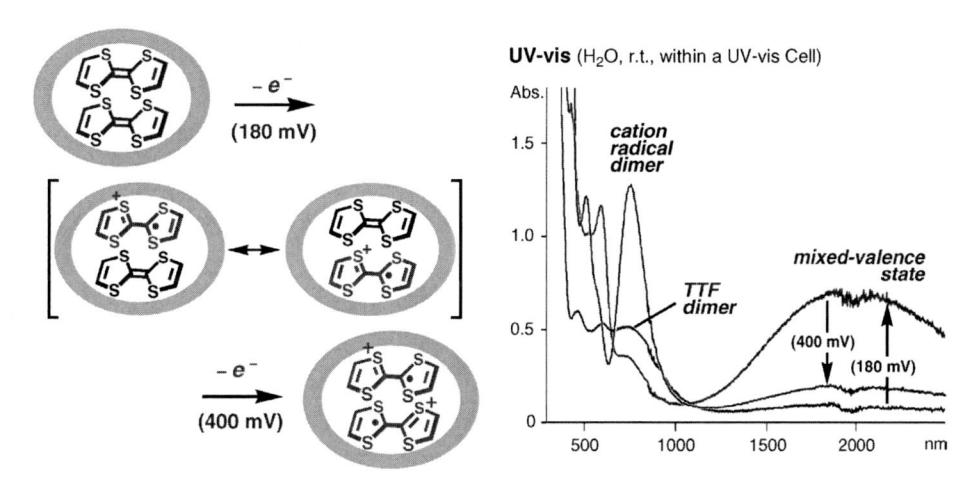

図 4.6 箱型錯体内で TTF の 2 重集積化とその電気化学的特性

になった．

4.5 ヌクレオチドのペア選択的集積化

　DNA 二重らせんは，そのオリゴヌクレオチドの核酸塩基部位に着目すると，多環芳香族分子の有限な集積構造体と見なすことができる．それぞれの核酸塩基部位が，分子間での水素結合と分子内での π-スタッキングにより，安定な二重鎖集積構造を形成している[21]．一方，短い DNA 二重らせんは，分子間および分子内での相互作用を十分に得られないため，水中で安定な集積構造を形成できない．そこで著者らは，人工的な分子空間を利用して，生体内では安定に存在しないオリゴヌクレオチド二重鎖の形成に挑戦した．箱型錯体は，疎水性でかつ π-スタッキング可能な空間を提供できることから，ヌクレオチドの核酸塩基部位を選択的に包接して，水素結合対を形成することが期待できる．また，カチオン性の錯体骨格とヌクレオチドのアニオン性リン酸部位との静電相互作用により，分子間の高い親和性が期待できる．実際に，水中で 2 種類のモノヌクレオチド（アデノシンモノリン酸とウリジンモノリン酸）と箱型錯体[22]を混合したところ，箱型空間内に 2 分子のモノヌクレオチドの核酸塩基部位がペア選択的に包接されることが，NMR 解析より示された（図 4.7）．その結晶構造解析からは，箱型空間内で 2 分子の核酸塩基部位が Hoogsteen 型の水素結合対を形成していることが判明した[23]．また，アデニンとチミンを有するジヌクレオチドと拡張型の箱型錯体を水中で混合した場合，2 分子のジヌクレオチドの核酸塩基部位が選択的に錯体内に取り込まれ，モノヌクレオチドと同様に Hoogsteen 型の水素結合ペアと集積構造を形成することに成功した（図 4.7）[23]．

第4章　自己組織化を利用した有限分子集積

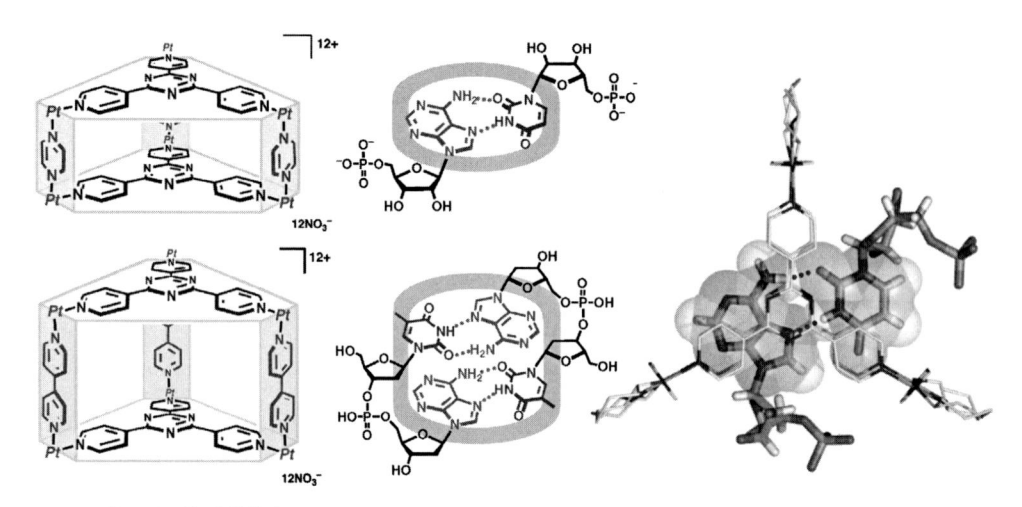

図 4.7　箱型錯体内でモノおよびジヌクレオチドのペア選択的包接とそのX線結晶構造

4.6　平面状金属錯体の集積化

　平面状金属錯体は垂直方向に集積することで，金属-金属間相互作用に由来する興味深い性質を発現する．しかしながら，ほどんどの平面状金属錯体は，溶液中はもとより結晶中でも，金属中心を近接した形で集積させることは困難である．最近になって，平面状金属錯体のユニークな集積法がいくつか報告され始めた（図 4.8）[24-29]．

　著者らは，上述の箱型錯体内に平面状金属錯体を集積する新戦略で，簡便かつ精密な金属集積法の開発を目指した．まず，古くから良く知られている平面状金属錯体，ビス（アセチルアセトナート）白金錯体に着目した．この白金錯体は結晶状態で，斜めにずれた集積構造を取るため，金属-金属間相互作用を発現しない．それに対して，この白金錯体は水中で箱型錯体内に2分子包接されることで，垂直な集積構造を形成することが明らかになった（図 4.9）．X線結晶構造解析から，2つの白金中心の距離は 3.32 Å であり，従来の金属-金属間相互作用に匹敵する距離（3.5 Å 以下）であった[30]．この白金錯体は単独では黄色であるが，集積構造体を

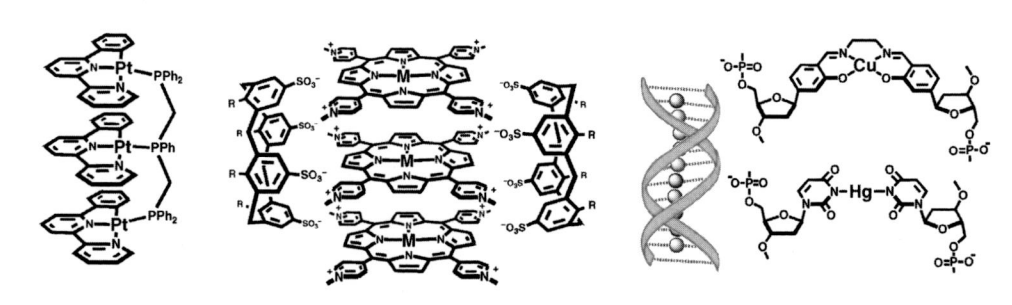

図 4.8　自己組織化を利用した平面状金属錯体の集積化

4.6 平面状金属錯体の集積化

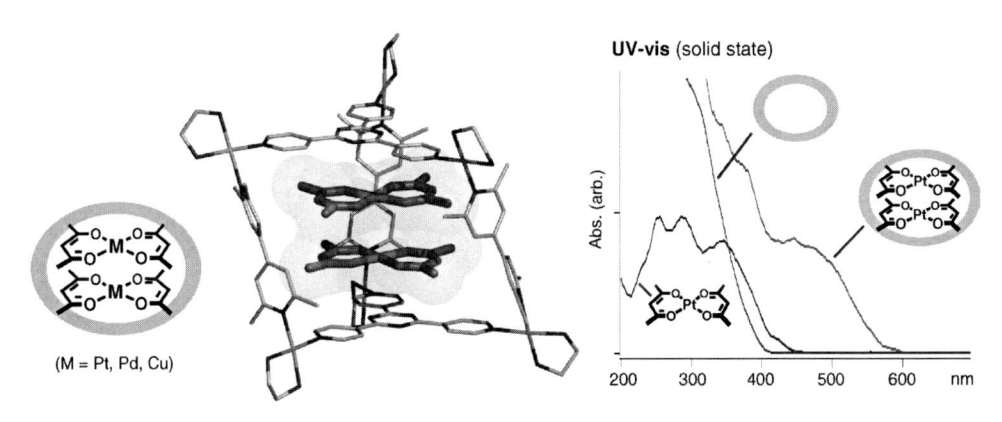

図 4.9 箱型錯体内で平面状錯体の集積化（X 線結晶構造）と金属-金属相互作用の誘起

形成することで鮮やかな濃橙色を呈した．紫外・可視吸収スペクトルでは，白金-白金間での相互作用に由来する吸収帯が，450 nm 付近に観測された（図 4.9）．金属中心をパラジウムや銅に置換した同様の平面状金属錯体においても，金属間での相互作用を観測することに成功した[30]．

平面状金属錯体として，種々の金属イオンを持つことができるポルフィリン金属錯体を利用した場合，ホモおよびヘテロの金属 3 重集積体を選択的に構築することに成功した．具体的には，箱型錯体の構成成分とアザポルフィリン銅（II）錯体を水中で加熱撹拌することで，銅錯体の 3 重集積を効率良く組み上げた[31]．また，アザポルフィリン銅（II）錯体とポルフィリンパラジウム（II）錯体またはコバルト（II）錯体の組み合わせから，Cu-Pd-Cu および Cu-Co-Cu からなる 3 重金属集積体を選択的に組み上げた．この位置選択的な集積化の鍵は，ア

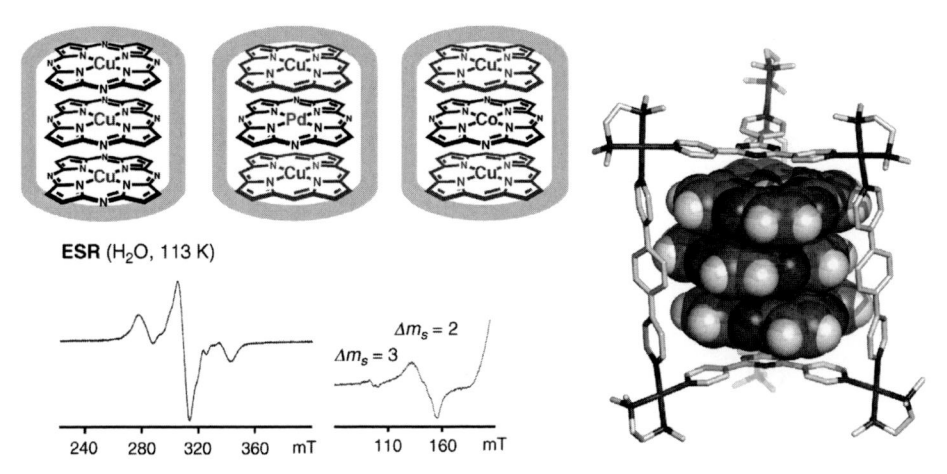

図 4.10 ポルフィリン金属錯体類の 3 重集積化と銅 3 重集積体のスピン-スピン相互作用（ESR スペクトル）

クセプター性のアザポルフィリンとドナー性のポルフィリンの静電相互作用である（図4.10）．精密集積した3つの金属中心は，その種類や順序に特徴的な相互作用を示した．ESR（電子スピン共鳴）スペクトルを測定した結果，Cu-Cu-Cu集積体では，スピンを持つ3つの銅中心間でのスピン-スピン相互作用に由来する$\Delta m_s=2$および3シグナルを初めて観測することに成功した（図4.10）[31]．一方，Cu-Pd-Cu集積体では，2つのCuは，スピンを持たないPdによって分離されて，スピン間相互作用を示さない．Cu-Co-Cu集積では，CuとCoのスピンがカップリングしたESRシグナルが観測された．以上のように，三次元箱型錯体を活用することで，平面状金属錯体の精密集積化を達成すると共に，特異な金属-金属間相互作用を誘起することに成功した．

4.7 包接によるスピンクロスオーバー

ある種の金属錯体は，熱や圧力，磁場，光などによって，金属中心の配位数を変えることなく電子状態（高スピンと低スピン）を変化することができる[32,33]．これらはスピンクロスオーバー錯体と呼ばれ，外部刺激による磁気的性質のスイッチング材料などに利用できる．著者らは，平面状ニッケル錯体と箱型錯体骨格のd-π相互作用を利用した，包接によるスピンクロスオーバーを達成した（図4.11）[34]．N,N'-エチレンビス（アセチルアセトイミナト）ニッケル（II）錯体は，平面四配位錯体で通常では赤色を呈して反磁性である．この錯体を水溶液中で無色の箱型錯体内に1分子包接させることで，溶液は濃緑色に変化した．その固体状態の磁化率測定から，包接錯体は常磁性（$\chi_M T=0.16$）であることが判明した．同様に，拡張した箱型錯体内に2分子の平面状ニッケル錯体を集積した場合も常磁性を発現した．一方，ニッケル錯体を箱型錯体内から取り出すことで，反磁性に戻った．包接錯体のX線結晶構造解析から，ニッケル錯体の金属中心は平面四配位であり，また，箱型錯体のパネル状配位子に近接していることが明らかになった．以上のことから，平面状ニッケル錯体の包接によるスピンクロスオーバーに成功した．

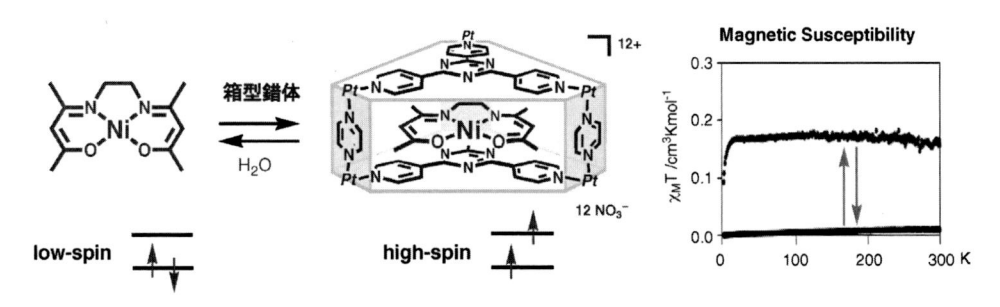

図4.11 平面状ニッケル錯体の包接によるスピンクロスオーバー

4.8 インターロック高次集積化

より高次な分子集積体を構築するには，新たな集積手段の開発が必要である．著者らは，種々のピラー状配位子を利用した箱型錯体の合成を試みる過程で，2つの箱型錯体が三次元的にインターロックして，その空いた空間に3分子の多環芳香族分子がインターカレーションした高集積体がひとりでに組み上がることを見出した．これにより，多環芳香族分子の7重集積化を達成した．実際には，パネル状三座配位子，ピラー状二座配位子およびパラジウム錯体（2：3：6の比率）の水溶液に，小過剰のトリフェニレンを加え，加熱撹拌することで，芳香族分子の7重集積体が定量的に生成した（図4.12）[35]．この構造は，詳細なNMR解析や質量分析，さらにX線結晶構造解析により決定した．結晶構造解析から，7つの多環芳香族分子は

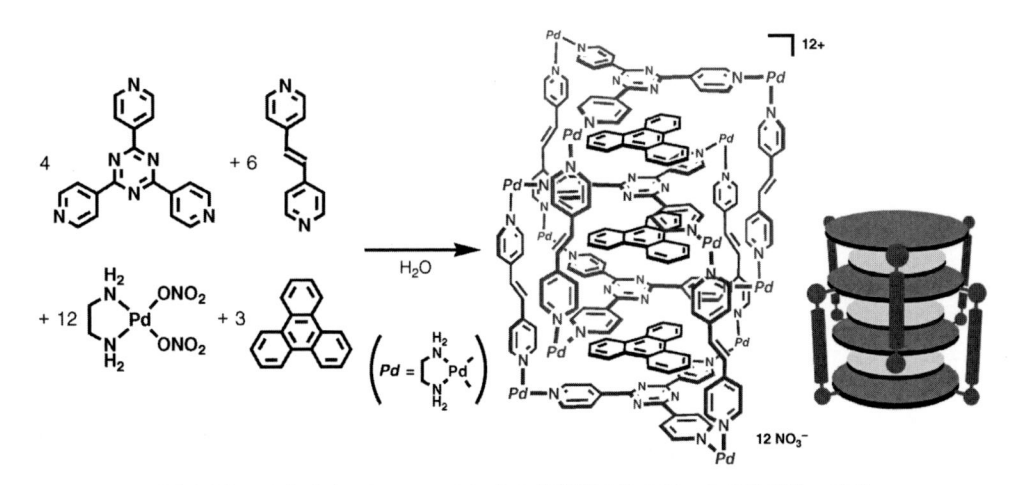

図4.12 三次元インターロックによる多環芳香族分子の7重集積体の構築

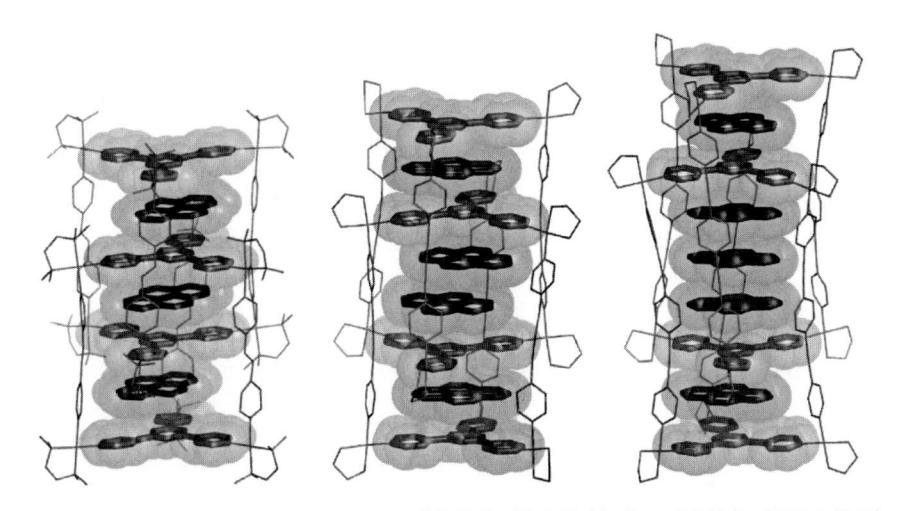

図4.13 多環芳香族分子の7重および8重集積体（結晶構造）と9重集積体（最適化構造）

約 3.3 Å の面間距離で π-スタッキングして，全長約 2 nm の巨大な芳香環カラム構造を形成していることが明らかになった（図 4.13）．

上記の 7 重集積体の特筆すべき点は，4 種類の分子からなる合計 25 成分を水中で混合するだけで，目的とする集積体のみが一義的に組み上がることである．これは，前例のない多種多成分の自己組織化構築である．また，このインターロック集積法を活用することで，多環芳香族分子の 8 重および 9 重集積体の合成にも成功した（図 4.13）[35]．最適な長さのピラー状配位子と，7 重集積体の合成に用いたパネル状配位子，パラジウム錯体および芳香族分子を，水中で混合することで，それぞれの集積体がほぼ定量的に構築できた．これらの集積体は，通常の熱や光に安定であることから取り扱いが容易であり，また，種々の官能基化も可能であることから，特異な集積構造に起因した機能性材料の開発が期待できる．

4.9 おわりに

私達は日常生活の中で，本や皿などを自由に積み重ねることができる．ところが同じように，「分子」を積み重ねることはできるだろうか？　現代の最先端科学技術や機器をもってしても，極めて困難な課題である．著者らは，自由自在に分子を集積してみたいとの単純な動機から，新手法の開発を目指して研究を行ってきた．本章で紹介した箱型錯体を活用した分子集積体の構築手法では，特殊な装置や熟練した技術を必要とせず，必要な構成成分を水中で混ぜ合わせるだけで，狙いとする集積体が一義的に生成する．このことは，当初の目標に一歩近づいたと言える．また，単純な多環芳香族分子から平面状金属錯体，そして生体関連分子の集積化へと応用範囲を拡張し，より汎用性の高い手法へと発展した．今後は，このような有限分子集積体をプラットホームとした，新機能性材料の開発に期待したい[36-40]．

謝辞

本章で紹介した研究成果は，東京大学大学院工学系研究科の藤田誠教授，小野公輔博士，山内祥弘博士，澤田知久博士，城西大学大学院理学研究科の加藤立久教授，東京大学大学院理学系研究科の大越慎一教授，東京大学大学院工学系研究科の加藤隆史教授，吉尾正史博士，東京工業大学大学資源化学研究所の穐田宗隆教授と，文献記載の共同研究者によって行われたものであり，ここに感謝の意を表します．

〈参考文献〉
1) C. A. Hunter, *Chem. Soc. Rev.*, **23**, 101 (1994)
2) M. D. Watson, A. Fechtenkotter, K. Müllen, *Chem. Rev.*, **101**, 1267 (2001)
3) J. Wu, W. Pisula, K. Müllen, *Chem. Rev.*, **107**, 718 (2007)
4) M. Yoshizawa, J. K. Klosterman, M. Fujita, *Angew. Chem. Int. Ed.*, **48**, 3418 (2009)

〈参考文献〉

5) M. Yoshizawa, M. Fujita, *Bull. Chem. Soc. Jpn.*, **83**, 609 (2010)
6) S. Misumi, T. Otsubo, *Acc. Chem. Res.*, **11**, 251 (1978)
7) R. S. Lokey, B. L. Iverson, *Nature*, **375**, 303 (1995)
8) S. Breidenbach, S. Ohren, F. Vögtle, *Chem. Eur. J.*, **2**, 832 (1996)
9) J. C. Nelson, J. G. Saven, J. S. Moore, P. G. Wolynes, *Science*, **277**, 1793 (1997)
10) D. J. Hill, M. J. Mio, R. B. Prince, T. S. Hughes, J. S. Moore, *Chem. Rev.*, **101**, 3893 (2001)
11) T. Nakano, T. Yade, *J. Am. Chem. Soc.*, **125**, 15474 (2003)
12) J. K. Klosterman, Y. Yamauchi, M. Fujita, *Chem. Soc. Rev.*, **38**, 1714-1725 (2009)
13) M. Yoshizawa, J. Nakagawa, K. Kumazawa, M. Nagao, M. Kawano, T. Ozeki, M. Fujita, *Angew. Chem. Int. Ed.*, **44**, 1810 (2005)
14) M. Yoshizawa, M. Nagao, K. Kumazawa, M. Fujita, *J. Organomet. Chem.*, **690**, 5383 (2005)
15) K. Ono, M. Yoshizawa, T. Kato, K. Watanabe, M. Fujita, *Angew. Chem. Int. Ed.*, **46**, 1803 (2007)
16) Z. Wang, V. Enkelmann, F. Negri, K. Müllen, *Angew. Chem., Int. Ed.*, **43**, 1972 (2004)
17) Y. Yamauchi, M. Yoshizawa, M. Akita, M. Fujita, *Proc. Natl. Acad. Sci. USA.*, **106**, 10435 (2009)
18) Y. Yamauchi, M. Yoshizawa, M. Akita, M. Fujita, *J. Am. Chem. Soc.*, **132**, 960 (2010)
19) M. Iyoda, M. Hasegawa, Y. Miyake, *Chem. Rev.*, **104**, 5085 (2004)
20) M. Yoshizawa, K. Kumazawa, M. Fujita, *J. Am. Chem. Soc.*, **127**, 13456 (2005)
21) W. Saenger, *Principles of Nucleic Acid Structure*, Springer Verlag, Berlin (1984)
22) K. Kumazawa, K. Biradha, T. Kusukawa, T. Okano, M. Fujita, *Angew. Chem. Int. Ed.*, **42**, 3909 (2003)
23) T. Sawada, M. Yoshizawa, S. Sato, M. Fujita, *Nat. Chem.*, **1**, 53 (2009)
24) K. Mashima, H. Nakano, A. Nakamura, *J. Am. Chem. Soc.*, **115**, 11632 (1993)
25) T. Murahashi, E. Mochizuki, Y. Kai, H. Kurosawa, *J. Am. Chem. Soc.*, **121**, 10600 (1999)
26) W. Lu, M. C. W. Chan, N. Zhu, C.-M. Che, C. Li, Z. Hui, *J. Am. Chem. Soc.*, **126**, 7639 (2004)
27) L. Di. Costanzo, S. Geremia, L. Randaccio, R. Purrello, R. Lauceri, D. Sciotto, F. G. Gulino, V. Pavone, *Angew. Chem., Int. Ed. Engl.*, **40**, 4245 (2001)
28) A. Tsuda, E. Hirahara, Y-S. Kim, H. Tanaka, T. Kawai, T. Aida, *Angew. Chem. Int. Ed.*, **43**, 6327 (2004)
29) K. Tanaka, G. H. Clever, Y. Takezawa, Y. Yamada, C. Kaul, M. Shionoya, T. Carell, *Nat. Nanotech.*, **1**, 190 (2006)
30) M. Yoshizawa, K. Ono, K. Kumazawa, T. Kato, M. Fujita, *J. Am. Chem. Soc.*, **127**, 10800 (2005)
31) K. Ono, M. Yoshizawa, T. Kato, M. Fujita, *Chem. Commun.*, 2328 (2008)
32) J. A. Real, A. B. Gaspar, M. C. Munoz, *Dalton Trans.*, 2062 (2005)
33) O. Sato, J. Tao, Y.-Z. Zhang, *Angew. Chem., Int. Ed.*, **46**, 2152 (2007)
34) K. Ono, M. Yoshizawa, M. Akita, T. Kato, Y. Tsunobuchi, S. Ohkoshi, M. Fujita, *J. Am. Chem. Soc.*, **131**, 2782 (2009)
35) Y. Yamauchi, M. Yoshizawa, M. Fujita, *J. Am. Chem. Soc.*, **130**, 5832 (2008)
36) K. Ono, J. K. Klosterman, M. Yoshizawa, K. Sekiguchi, T. Tahara, M. Fujita, *J. Am. Chem. Soc.*, **131**, 12526 (2009)
37) Y. Yamauchi, Y. Hanaoka, M. Yoshizawa, M. Akita, T. Ichikawa, M. Yoshio, T. Kato, M. Fujita, *J. Am. Chem. Soc.*, **32**, 9555 (2010)
38) T. Sawada, M. Fujita, *J. Am. Chem. Soc.*, **132**, 7194 (2010)
39) Y. Yamauchi, M. Fujita, *Chem. Commun.*, **46**, 5897 (2010)
40) T. Murase, K. Otsuka, M. Fujita, *J. Am. Chem. Soc.*, **132**, 7864 (2010)

第5章
動的分子認識素子を利用した分子集合体構築

竹内正之　　(Masayuki Takeuchi)
㈱物質・材料研究機構　ナノ有機センター　高分子グループ　グループリーダー

5.1　はじめに

　生体内では，酵素反応や免疫機能などに代表される外部分子（ゲスト分子）の識別やその取り込み，DNAや鞭毛モーターなどに代表される分子集合による高次構造の形成など，様々な分子が多様な環境で特異な仕事を行っている．これらの生体システムにおいて最も重要視されるのが，「分子が分子を認識する」という過程である．これまでに生体分子の持つ特異な構造とその機能を模倣することにより，生体に匹敵しさらに生体を凌駕する高度な機能を有する新材料を目指し，ナノメートルスケールで精緻にデザインされた超分子化合物の開発が盛んに行われてきた．

　ゲスト分子に対して選択的な認識挙動を示す超分子化合物（ホスト分子）は，静的分子認識を示すものと動的分子認識を示すものに分類される．中でも，ホスト分子とゲスト分子が1対1で相互作用する「鍵と鍵穴」の関係に代表される静的分子認識システムと比較し，ホスト分子の構造により複数の平衡が存在し，ゲスト分子の認識によってm対n型の錯形成を伴う動的分子認識システムは，ゲスト分子の認識を動的にスイッチすることが可能であるため興味深い．これは，生体内の多くのタンパク質や酵素などが，多数の分子がひしめく環境下で自身の構造を変化させながら活性を制御している現象のカウンターパートと見なせるからである．

　生態系では，いかにして動的分子認識システムを獲得しているのだろうか？　1つの例として，酸素運搬の役割を担うヘモグロビンは，「アロステリズム」という機能により酸素の適切な吸脱着を行っている．アロステリズムとは，ある機能を持ったホスト分子が調節因子（エフェクター）と特定の部位で結合すると，その分子全体の構造変化が誘起され，目的とするゲスト分子との親和性に影響を与える現象のことである．アロステリズムは，その機能発現特性から4種類に分類できる．まず，ホスト分子の構造変化を誘起させるエフェクターと目的分子

第5章　動的分子認識素子を利用した分子集合体構築

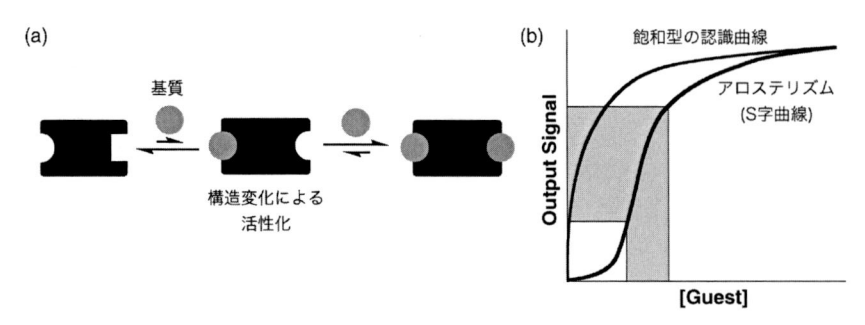

図5.1 (a)正かつホモトロピックなアロステリズムの発現の概念図，(b)正かつホモトロピックなアロステリズムの応答曲線．あるゲスト濃度を閾値として，ゲスト分子との高選択的な分子認識挙動を発現する．

が同一である場合（ホモトロピック）と異なる場合（ヘテロトロピック）に分類され，さらに，それぞれのエフェクターが目的分子との応答を促進する場合（正）と阻害する場合（負）に分類される．特に，正かつホモトロピックなアロステリズムを有するホスト分子は，非線形応答という特徴を有し，S字（シグモイド）型の応答曲線を描く（図5.1）．正のアロステリズムを有するシステムでは，1つ目のゲスト分子の認識に伴いホスト分子の構造変化が起こり，残り（$n-1$個）の相互作用部位が予備組織化される．このため，続いて認識される分子の親和性が上昇し，1：1錯体は速やかに1：n錯体を形成する方向にシフトする．このような分子認識挙動は，飽和型曲線で示される分子認識挙動とは異なり，外部刺激に対する増幅機能，フィルター機能，ON-OFFスイッチング機能，フィードバック機能などの特異な機能に密接している．

このような動的分子認識システム，特に，正かつホモトロピックなアロステリック効果を組み込んだ人工ホスト化合物として，田伏らのゲーブルポルフィリン，青山らのレゾルシノール環状4量体，Rebek Jr.らのクラウンエーテル誘導体などが挙げられる[1]．また，竹内，新海らは，回転軸を有する超分子ホスト化合物に注目し，ポルフィリン2枚でランタニド金属を挟みこんだ構造のダブルデッカー型ポルフィリン錯体によるアロステリック認識システムを報告した[2]．これは自由に回転している2枚のポルフィリンの外側に配置した結合部位の1つにゲスト分子が認識されると，認識情報が回転により伝搬され，残りの結合部位がゲストに対して結合しやすい構造へ変化する．その他にも，$C(sp^2)$-$C(sp^2)$結合やアセチレンの回転軸を利用した分子などが報告されている[3]．

上記の動的分子認識能を有するホスト化合物は，金属イオン，アニオン，小分子をターゲットとしており，それらを求心的な相互作用を用いて選択的に囲い込む，あるいは，包接する「収束型」の分子認識を利用したものがほとんどであった．一方，免疫系における抗原分子の抗体による認識に代表されるように複合タンパク質やペプチドなどの巨大で複雑な分子を対象とし，ホスト分子の外側に配置した相互作用部位により分子を認識する「発散型」の分子認識シ

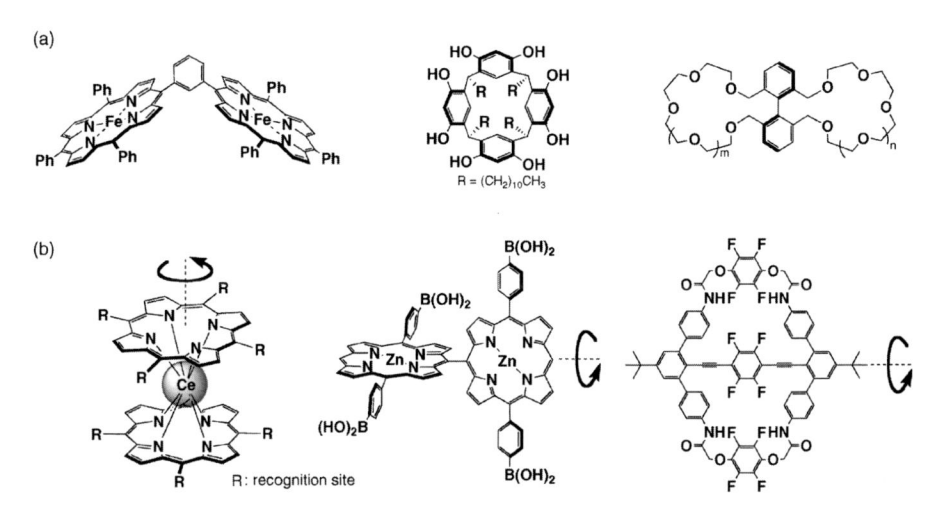

図 5.2 正かつホモトロピックなアロステリズムを発現する人工ホスト分子，(a)収束型の分子[1]，(b)竹内，新海らにより報告された回転軸を有する収束型，および，発散型の分子[2,3]

ステムへ拡張した例は少ない[2]．中でも，優れた高分子をターゲットとした動的分子認識システムの構築は魅力的である．高分子化合物は低分子化合物とは全く異なる性質（分子量，鎖状や分岐構造などの化学的性質とソフトマテリアルとしての物理的性質）を有しており，このような高分子を選択的に識別し，さらに，プログラミング通りに配置できるシステムの開発は，単なる分子認識による構造変化にとどまらず，得られる集合体の機能に直結するためである．

次節では，動的分子認識素子として，超分子架橋剤による共役系高分子の配列制御に関する我々のこれまでの研究とその展望について紹介する．

5.2 共役系高分子配列における動的分子認識の利用

身の回りには，様々な種類の高分子が溢れている．特に，二重結合（または三重結合）と単結合が交互に並んだ共役系高分子は，π電子が非局在化しているため単分子で電気的，光化学的に優れた特性を示し，有機 FET や有機 LED，光電変換素子，センサーなど様々な分野への応用が期待されている．しかしながら，共役系高分子は通常，主鎖間で強いファンデルワールス相互作用やπ–π相互作用が働くためランダムに会合し，アモルファス状態になりやすく，機能性材料として十分に応用できないことが多い．近年，共役系高分子の機能向上を目的として，これらを配列，配向させる手法の開発が盛んに行われている．主な手法としては，ラビングや剪断などの機械的な力による配向，液晶場を用いる方法，気液界面に形成する LB 膜を用いる方法，鋳型を用いる方法，結晶化法などが報告されている[4]．これらの手法を用いれば，高分子の一方向への配向は可能である．しかしながら，高分子主鎖間距離や構造の多様性

第5章 動的分子認識素子を利用した分子集合体構築

などプログラミングした通りに自在に配列させるには至っていない.共役系高分子の配向と配列の正確な制御が達成できれば,高分子間の相互作用を厳密に制御可能となるため,発光素子や導電性材料へのさらなる応用が期待される.

このような背景のもと,我々は高分子配列の新たな手法として,架橋分子を用いた新たなコンセプトを考案した[5].そのコンセプトは,共役系高分子と相互作用可能な架橋分子を用いて,共役系高分子の方向と主鎖間距離を制御するものである.我々は,この架橋分子のことを「配列させるもの」という意味で"Aligner"と名付けた.基本的なAlignerの構造としては,2カ所以上の認識部位が分子末端にあり,複数存在する共役系高分子の相互作用部位を「発散的に分子認識する」ことで平行に配列された状態へと組み上げるものである.いわば,一次元高分子の超分子化学的重合であると言い換えることができる.そして,このコンセプトの最大の特徴は,認識部位の間隔がそのまま共役系高分子の主鎖間隔となるため,分子設計次第では,様々な配列状態の集合体の構築が可能な点にある.

しかしながら,ただ単に複数の相互作用部位を導入するのみでは,共役系高分子との相互作用がランダムに起こり,ゲルの形成や沈殿などが起こりやすい.そのため我々は,共役系高分子の認識過程に,正のアロステリズムを組み込むことで,共役系高分子を規則的に配列できると考えた.正のアロステリズムを導入することにより,Alignerの高分子との親和性を増幅することが可能である.したがって,親和性の増幅により共役系高分子とAlignerを混合した系

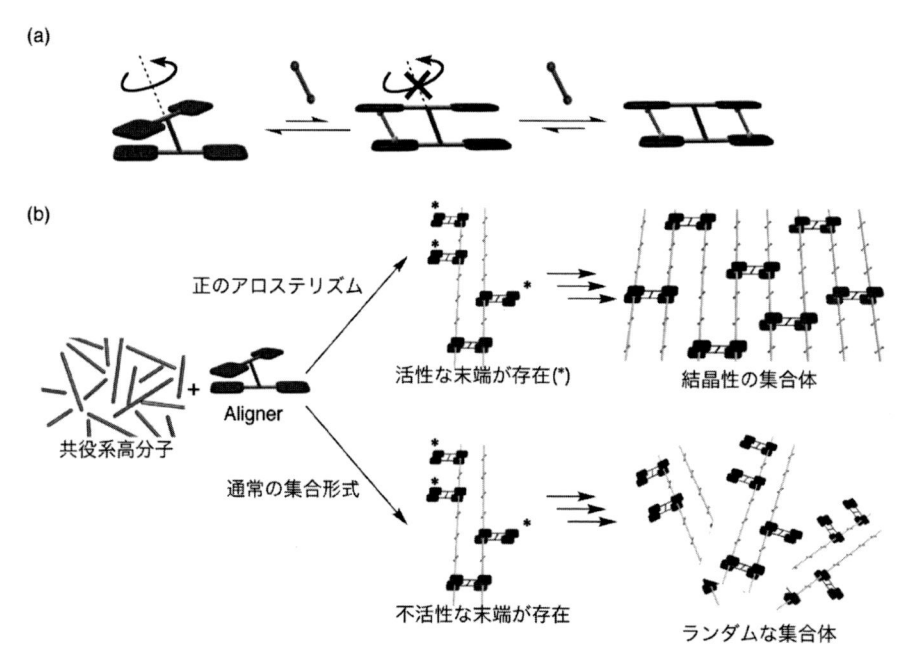

図 5.3 (a) Alignerによる小分子の認識による正かつホモトロピックなアロステリズムの発現メカニズムの模式図,(b) Alignerによる共役系高分子の配列のコンセプト

中には，Alignerと共役系高分子が複合化したものである1 : 1型の錯体などは，すみやかに1 : n型の錯体（n は Aligner の認識部位の数）となり，途中に形成される錯形成種（1 : 1,…, 1 : n−1）は存在しなくなる．例えば，認識部位を2個有する Aligner を用いた場合，片方だけが錯形成した錯化種は存在せず，速やかに次の共役系高分子と相互作用すると考えられる．このようなアロステリズムの発現により，共役系高分子のランダムな集合体形成が抑制され，規則的な集合体形成に重要な役割を果たすことが期待される（図 5.3）．

次項では，Aligner の構造に応じてどのような構造体が形成されるか，種々の分光学的手法や電子顕微鏡観察により検討を行った結果をそれぞれの特徴を述べながら紹介する．

5.2.1 高分子の二次元配列

正のアロステリズムを発現するためには，Aligner の構造として空間的に離れた複数の認識部位がゲスト分子に対して協同的に働く分子設計が必要である．このような架橋分子として，まず，相互作用部位として4つの亜鉛ポルフィリン部位，認識情報を伝搬し協同性を生み出すユニットとしてブタジイン回転軸を有する Aligner 1 を分子設計した（図 5.3）[5,6]．Aligner 1 は，向かい合った2組の亜鉛ポルフィン間でジアミン分子を2分子認識する．今回利用した配位結合は，結合の強さと結合方向が規定されるため規則的な集合体形成に有利である．その際，この等価な認識部位の間のブタジイン回転軸は，ジアミン分子を1分子認識すると回転軸周りの回転が抑制され，他方の2つ目の認識部位に適した距離と配向に予備組織化されることで，正かつホモトロピックなアロステリズムが発現する（図 5.4(a)）．正のアロステリズムの指標となる Hill 係数は，キシリレンジアミン（mCP）を用いた場合，1.9（Hill 係数の最大値は認識部位の数，Aligner 1 の場合の最大値は 2，アロステリズムが発現しない場合は 1）という値を示した[5]．この正のアロステリズムの発現は，共役系高分子を用いた場合も同様であり，1本目の共役系高分子と相互作用した架橋分子は2本目の共役系高分子をより認識しやすくなる．そのため，ランダムな集合体やはしご型の構造体が形成されず，規則的で大きな集合体へ導くと考えられる．

実際に，キシリレンジアミン部位を有するポリフェニレンエチニレン（CP1）と Aligner 1 をクロロホルム溶液中で混合した場合，mCP と同様にキシリレンジアミン部位と亜鉛ポルフィリン部位とが高い親和性を有することが吸収スペクトルや蛍光スペクトルから明らかとなった．また，原子間力顕微鏡（AFM）では，CP1 のみの場合と比較して，CP1 に Aligner 1 を混合したサンプルからは二次元方向に 20～25 倍広がった集合体が観測された（図 5.5(a), (b)）．この集合体の高さはほとんど変わらずに，大きさのみが Aligner 1 と CP1 の混合比により連続的に変化した．つまりコンセプトに示したように，Aligner 1 による CP1 の架橋が二次元方向に発散して起こることが示された．集合体内部の分子の配列に関し，透過型電子顕微鏡（TEM）および高分解能 TEM（HR TEM）は有用な知見を与える場合がある．CP1 と

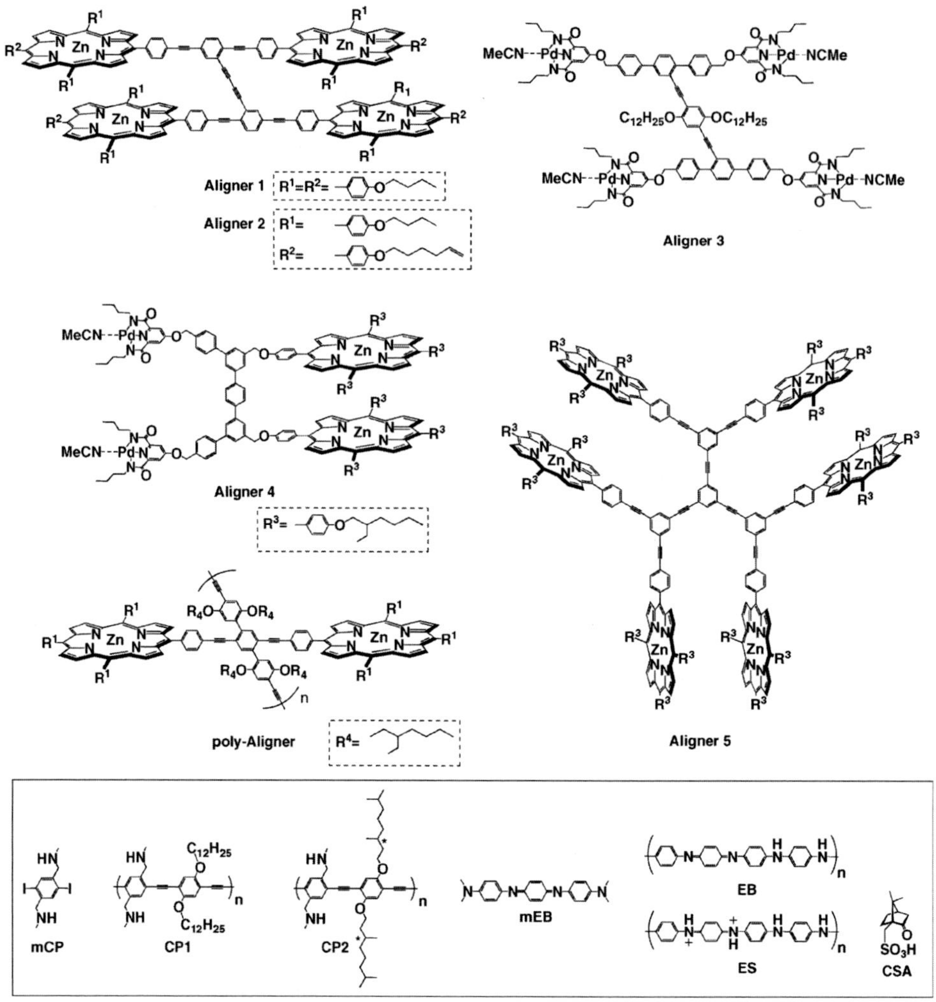

第5章　動的分子認識素子を利用した分子集合体構築

図5.4　本研究で用いたAligner分子，およびゲスト分子の化学構造

　Aligner 1 とを混合した集合体の TEM および HR TEM 観察からは，結晶性を有する数 100 nm 四方のシート状集合体が観察された．また，その内部は Aligner によって架橋された共役系高分子の主鎖間隔に相当する 2 nm 周期のラメラ構造を示しており，CP1 が Aligner 1 の認識部位間隔に配列されていること，その集合体が高真空下においても安定に維持されることが明らかとなった（図 5.5 (c)）．このような規則的な集合体の形成は，気液界面に展開した際の表面圧-面積（π-A）曲線からも確認された．
　以上の結果から，我々のコンセプト，つまり超分子化学的な架橋分子 Aligner を用いれば共役系高分子を規則的に配列させることが可能なことが明らかとなった．また，Aligner 1 と側鎖に不斉を有する CP2 を混合したところ，三角グリッドコントラストを示す集合体が得られ

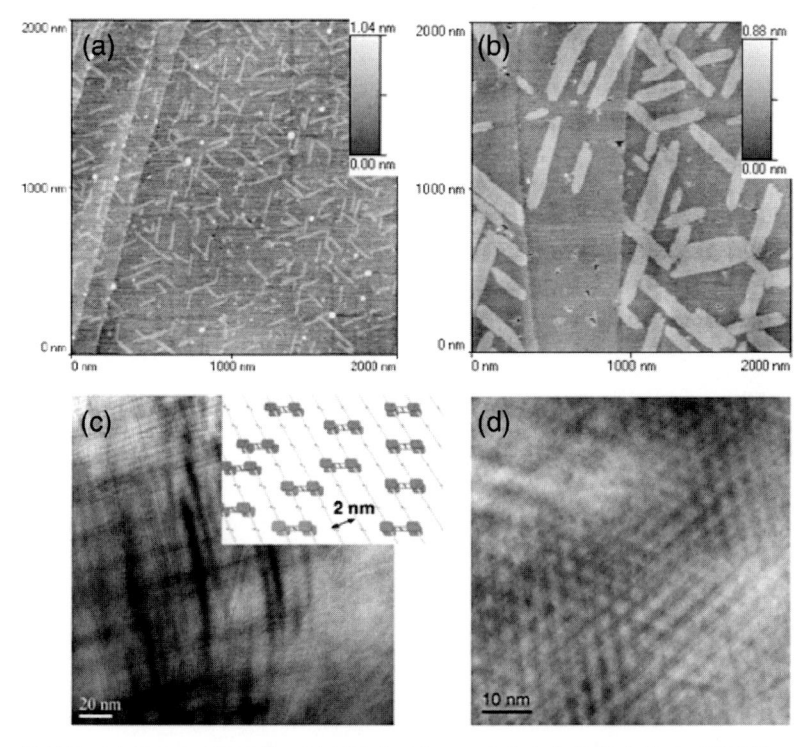

図 5.5 (a) CP1 の AFM 像, (b) CP1 と Aligner 1 からなる集合体の AFM 像, (c) CP1 と Aligner 1 からなる集合体の HR TEM 像, (d) CP2 と Aligner 1 からなる集合体の HR TEM 像

た (図 5.5(d)). 相互作用部位としてピリジル部位を有するポリ-4-ビニルピリジンを用いても, 高分子を二次元シート状集合体に変換することが可能であり, 用いる高分子の柔軟性は大きな問題にならないことを明らかとした.

Aligner により得られる集合体は, 非共有結合の中でも比較的強固な配位結合を用いているものの, 可逆的な平衡系から得られたものであるため, 濃度や温度, 溶媒などのサンプルの調製条件に大きく左右されてしまう. 特に本系では, 酸共存下・高希釈条件においては配位結合が弱まるため, 安定な構造体を形成できなくなる. そこで, この集合体を強固で半永久的なものとするため, ポルフィリン環のメソ位にオレフィンを導入した Aligner 2 を設計し, 熱力学的平衡の結果得られたシート状集合体を固定化することを試みた (図 5.6(a))[7,8]. Aligner 2 はオレフィンメタセシス (RCM) 反応により向かい合った上下のポルフィリン環同士が架橋され, 環状構造となる. つまり, CP1 と Aligner 2 との間に, 配位結合だけでなくポリ擬ロタキサン構造という幾何学的な結合を付与することができ, より安定な構造体の構築が可能になると考えられる. Aligner 2 のメタセシス反応は, モノマー分子である mCP を錯化させておくことにより, 配向が固定化され効率的に進行した. 同様に, CP1 と錯化させた場合にも, ゲ

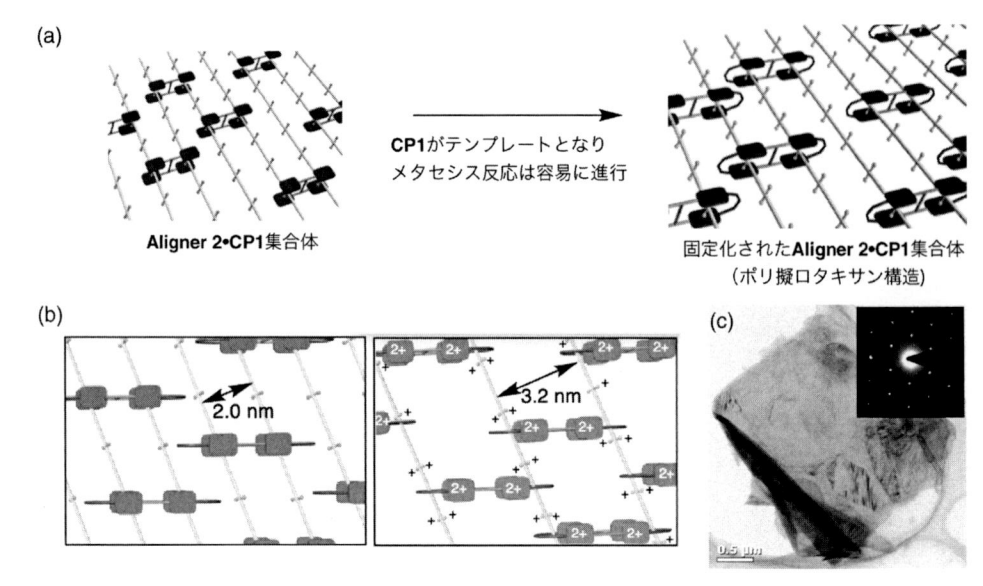

第 5 章 動的分子認識素子を利用した分子集合体構築

図 5.6 (a)オレフィンメタセシス反応による集合体の固定化の概念図，(b)メタセシス反応により固定化された集合体の概念図，酸添加によりその高分子間隔が変化する，(c)固体化されたAligner2 と CP1 集合体の HR TEM 像，ならびに電子回折像

スト高分子のテンプレート効果により効率よくメタセシス反応が進行した．mCP，CP1 を用いた場合，双方とも ^{1}H NMR スペクトルから見積もった反応率はおよそ 70% であった．さらに，この「固定化された」集合体は，サイズ排除クロマトグラフィ（SEC）を用いることにより，選択的に分離することが可能であった．SEC による分取後のサンプルの HR TEM 観からAligner 2 により固定化された結晶性集合体は，Aligner 1 の場合と同様に 2 nm 周期のラメラ構造を有し，メタセシス反応が集合体の周期構造に影響を及ぼさないことが明らかとなった（図 5.6(c)）．また，CP1 と Aligner 2 からなる集合体は，ポリ擬ロタキサン構造を有しているため，配位結合を壊す TFA や塩酸の添加においてもそのシート構造が維持していた．さらに共役系高分子，Aligner 2 ともに完全にプロトン化された状態では，HR TEM 観察から 3.2 nm周期のラメラ構造が観測された（図 5.6(b)）．このことは，Aligner 2 のロタキサン構造内をCP1 が可動できることを示しており，酸・塩基処理により，可逆的に CP1 間の距離をスイッチングできる可能性が示唆された[5b, 8]．

CP1 以外にも，導電性高分子であるポリアニリン（PANI）を配列することが可能である．PANI は，プロトンの付加脱離，酸化還元により，4 つの状態を有する．その中でも，ベンゾノイド-アミン構造の還元型とキノイド-イミン構造の酸化型が 1:1 の比率で存在するエメラルジン塩基型の PANI（EB）は PANI の中で最も安定であり，プロトン酸などによるドーピングを行うと導電性を有することが知られている．また，EB のキノイド-イミン部位の Lewis塩基性窒素原子は，プロトン以外にも金属錯体とも選択的に相互作用することが平尾らによっ

て報告されている[9]．そこで，4個の2,6-ピリジンジカルボキシアミドのパラジウム錯体を相互作用部位として導入した新たなAligner 3を合成した（図5.3）[10]．EBのモデル化合物（mEB）を用いて，分子モデリング計算を行ったところ，Aligner 3の向かい合った2つのパラジウム錯体がmEBを挟み込んだ構造体を形成可能な距離に配置されていることが確認された（図5.7）．また，Aligner 3に挟み込まれたmEBは，トランス型の構造を形成しやすくなるため，高分子EBとAligner 3を混合した場合に二次元シート状会合体の形成が可能になると期待した．実際，このAligner 3とmEBをTHF溶液中にて混合した結果，mEB分子とパラジウム錯体との錯形成による変化が吸収スペクトルにて観測され，さらに，これまでのAligner 1およびAligner 2と同様に正のアロステリズムを発現していることが確認された．また，EBとAligner 3を混合したサンプルのTEM，およびHR TEM観察の結果から，得られた会合体は，2.5 nm周期のラメラ構造を有する結晶性の高いシート状であった．あらかじめキノイド-イミン部位をカンファースルホン酸（CSA）にてドーピング操作を行ったエメラルジン塩型のPANI（ES）に関しても同様に，Aligner 3と混合したところ，ドーパントであるプロトンがAligner 3のパラジウム錯体に一部置換され，その結果，二次元シート状会合体が得られることを見出した（図5.7）．一部Aligner 3により置換されたサンプル溶液から調製したドロップキャスト膜の導電性測定を四端子法にて行ったところ，0.19 S·cm^{-1}と同条件で調製したESのみの場合と同等の値を示した．Aligner 3をES溶液に混合したサンプルの吸収スペクトル測定の結果から，ポーラロン吸収帯の吸光度の減少が観測され，Aligner 3がキャ

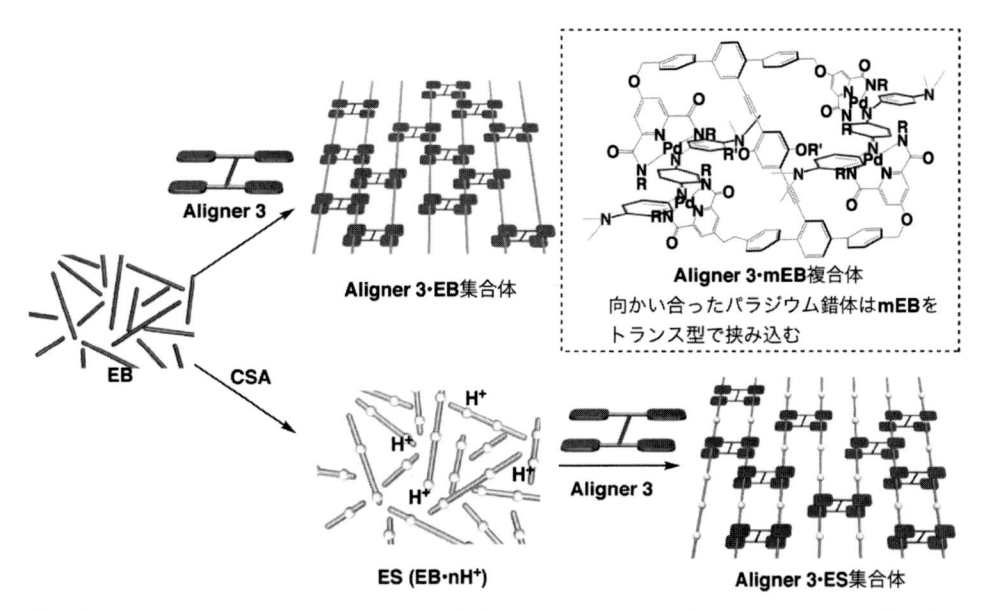

図5.7 Aligner 3によるPANI（EB, ES）配列のコンセプト，およびAligner 3とmEB複合体の分子認識形態

第5章　動的分子認識素子を利用した分子集合体構築

リアトラップとなることが明らかになったが，Aligner 3の架橋によるESの規則的配列の効果と相殺されたために同等の導電性を示したと推察した．相互作用部位に金属錯体の代わりに，高いプロトンドープ能を有するスルホ基などに置換したAlignerを合成することにより，この欠点は改善可能である．現在，そのAlignerの合成にも取り組んでいる．以上のように，Aligner 3を用いることにより，ポリアニリンのような汎用性導電性高分子の配列も可能であり，分子レベルで精密に制御された導電性ナノシートの作製が可能であることが示唆された．

以上の結果は，Alignerのコンセプトが高分子とAlignerの相互作用部位との組み合わせを選択すれば，様々な種類の高分子の二次元的な規則的配列に応用できることを示している．

5.2.2　共役系高分子の交互配列

これまでのAlignerは，単一の相互作用部位を複数個有する対称な構造をしており，正かつホモトロピックなアロステリズムを発現するように設計されていた．ここで，分子内に異なる2種類の相互作用部位を有する非対称なAlignerを用いれば，異種共役系高分子を交互に束ねることが可能になる．そこで，これまでに共役系高分子との相互作用が確認されている亜鉛ポルフィリン錯体とパラジウム錯体の2種類の相互作用部位を併せ持ち，対応する相互作用部位同士を向かい合うように配置したAligner 4を新たに分子設計した（図5.3)[11]．

まず，2種類のゲスト分子と混合した場合に，亜鉛ポルフィリン錯体がCP1，パラジウム錯体がEBとのみ選択的に相互作用するかどうかの検討を，それぞれのモデル化合物であるmCPとmEBを用いて行った．その結果，^{1}H NMRスペクトル，および，吸収スペクトル測定から，各々の相互作用部位は1種類のゲスト分子とのみ相互作用可能であった（図5.8)．また，逐次的に2種類のゲスト分子を錯形成させた場合，1つ目のゲスト分子の認識が，他の相互作用部位ともう一方のゲスト分子との親和性を低下させる結果は観測されず，1つ目のゲスト分子との相互作用により予備組織化されていた．次に，Aligner 4・EB複合体に，CP1を添加する逐次錯形成法にて混合したところ，溶液中でモデル化合物と同様のスペクトル変化が確認され，

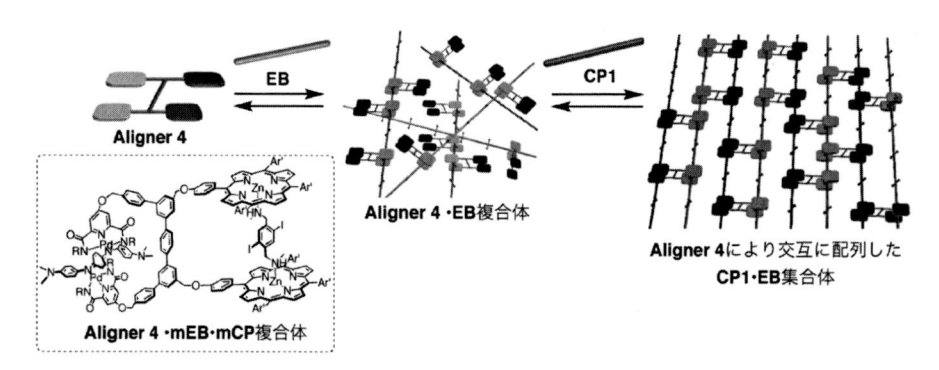

図5.8　Aligner 4によるゲスト分子の錯形成モデルと逐次錯形成による交互配列のコンセプト

Aligner 4 がそれぞれの高分子とのみ選択的に相互作用可能であることが明らかとなった．TEM および HR TEM を用いて集合体のモルフォロジー観察を行ったところ，Aligner 4 と CP1，Aligner 4 と EB，CP1 と EB などの 2 成分混合溶液からは，アモルファスの集合体が観測された．しかしながら，興味深いことに Aligner 4 と EB，CP1 を逐次的に混合したサンプルからは，主に結晶性を有する二次元状のシート状会合体が観測された．さらに，HR TEM 観察からは，2 nm 周期のラメラ構造が観測され，分子モデリング計算により算出した高分子主鎖間との距離と一致したことから，Aligner 4 により 2 種類の共役系高分子を束ねることが可能になったことが示唆された．本手法は，共役系高分子を分子レベルで交互に配列させる画期的な手法であり，高分子の組み合わせにより優れた特性を有する薄膜の形成が可能になると期待される．

5.2.3 共役系高分子の高次元配列

我々は，Aligner による二次元集合体の構築のみにとどまらず，三次元配列へ拡張する手法の開発に取り組んだ．分子デザイン指針として，回転軸と相互作用部位の数を増やすことで達成可能であると考え，以下の 2 種類のアプローチを試みた．

まず初めに，6 つの亜鉛ポルフィリン錯体を放射状に配置した Aligner 5 を分子デザインした[5]．これは，Aligner 1 や Aligner 2 と同様に向かい合った 2 枚のポルフィリン部位がジアミン分子を補足することを利用しており，計 3 分子のジアミン分子と相互作用が可能であることから，共役系高分子を 3 方向に架橋できる．まず，mCP を用いた協同性の検討を行ったところ，Hill 係数は，2.8 と正かつホモトロピックなアロステリズムの発現が示唆された．また，共役系高分子 CP1 と混合し，電子顕微鏡観察を行ったところ，多層チューブ状およびシート状構造を形成することが示された．これは，図 5.9(a) に示すようなメカニズムで三次元方向に集合したことにより得られたと考えられる．このことから Aligner の構造を変化させることで異なる会合体の形成が可能であることを明らかとした．

別のアプローチとして，高分子間を架橋する Aligner そのものの高分子化を試みた．そこで，認識部位には亜鉛ポルフィリン錯体を導入し，回転軸に対してパラレル型に錯形成可能であった Aligner 1～5 とは異なり，ジグザグ型の錯化形態を形成する新たな Aligner として，poly-Aligner（Mw = 156,000, n = 59）を設計，合成した（図 5.3，5.9(b)）[12]．単純にパラレル型の錯化形態をとる Aligner を高分子化した場合，隣接する相互作用部位同士が独立しているため，1 カ所にゲスト分子を認識した場合にも，複数の錯化形態を生じる可能性があるため，高分子を規則的に配置できない（図 5.9(c) 左）．一方，ジグザグ型の錯形成では，ゲスト分子の認識情報が構造変化として隣接する相互作用部位に伝搬するため，相互作用部位の数に関係なく単一の錯化形態しか存在せず，規則性が付与できると考えられる（図 5.9(c) 右）．実際に，クロロホルム溶液中における mCP との相互作用の検討の結果，正のアロステリズムを示すこ

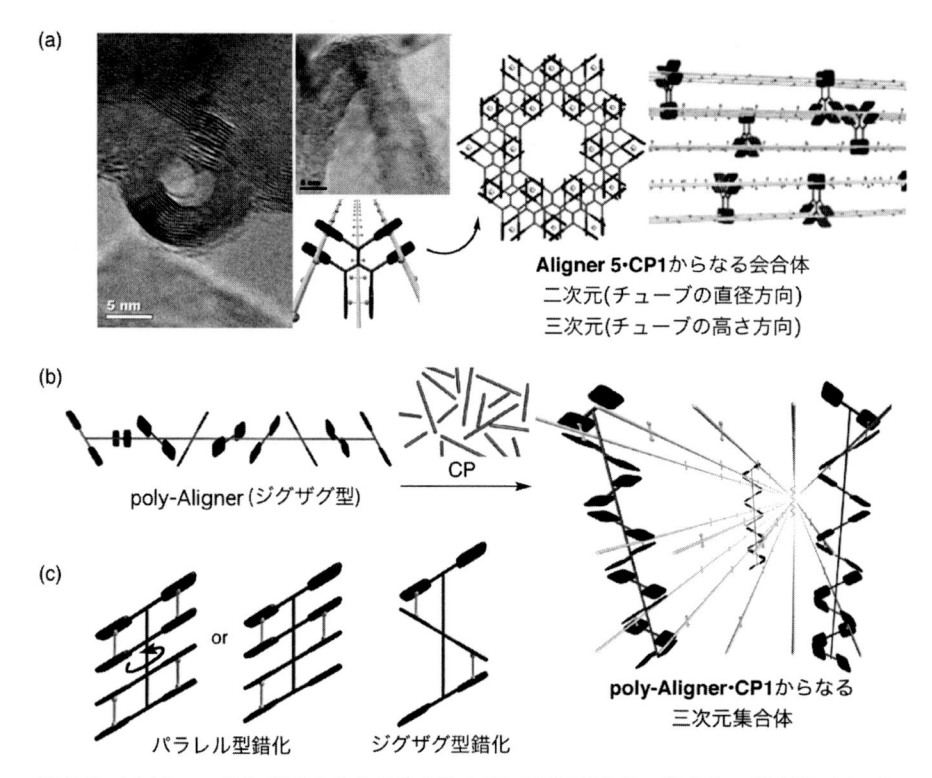

図 5.9 (a) Aligner 5 と CP1 からなる集合体の HR TEM 像とその集合体の模式図，(b) poly-Aligner による CP1 との集合体形成の概念図，(c) poly-Aligner の回転軸に対する相互作用部位の配置（パラレル型，ジグザグ型）よるゲスト分子との錯化形態の比較

とが明らかとなった．また，CP1 と poly-Aligner 溶液を基板にキャストし，そのモルフォロジー観察を AFM，TEM，走査型電子顕微鏡（SEM）を用いて行った．まず，AFM 測定からは，poly-Aligner と CP1 単独では，単分子レベルの厚みの集合体が観測されたのに対して，混合したサンプルからは，高さが 20 nm 程度の厚みのある集合体が観測された．SEM 観察では，シートが積層した会合体であることが観察され，三次元集合体であることが示唆された．TEM 観察からは，主にコントラストの強いシート状会合体が観測され，このことからも厚みのある集合体であることが示された．このコントラストの強い会合体からは 2.8 nm のラメラ構造や，周期構造を有するシート状会合体の積層に由来するモアレ縞が観測された．この 2.8 nm の周期構造は，ジグザグ型の錯形成をした場合の結晶面間隔の 1 つと一致することから，共役系高分子 CP1 からなる三次元の結晶性集合体へ構築も可能であることが示唆された．本手法は，異種高分子のみから三次元方向の制御された集合体を形成した点からも意義がある．

5.3 おわりに

　以上，我々は動的分子認識能を有する超分子架橋剤 Aligner を用いて，これまでに例を見ない共役系高分子の方向と鎖間隔が分子レベルで制御された結晶性の集合体を構築する新たな手法の開発に成功した．

　このような高分子架橋システムは，動物細胞中において，筋肉の収縮や細胞の運動に重要な役割を果たしているアクチンフィラメント架橋タンパク質の機能に類似している[13]．アクチンフィラメント集合体は，複数のアクチンフィラメント認識部位を有する架橋タンパク質により鎖間を架橋されることにより形成している．そして，このアクチンフィラメント架橋タンパク質の認識部位間の距離，配向，自由度に依存して様々な会合体が形成され，適材適所で必要な役割を果たしている（図 5.10）．

　Aligner 分子は，高分子鎖間の制御，認識部位と高分子の組み合わせ，など様々なファクターを変えることにより，次元性・階層性を含め，プログラミングした通りに種々の高分子を配列可能であると期待できる．今後，このような分子レベルで緻密制御された高分子集合体の機能の創発に向けて，より機能性高分子の配列や動的な分子集合体の構築への展開が期待される．

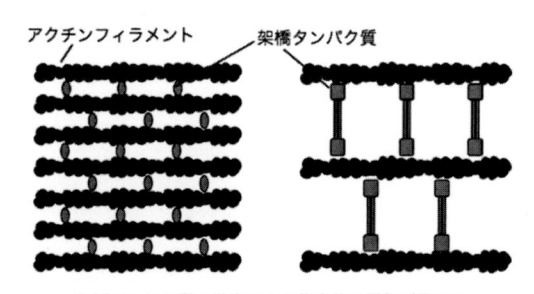

図 5.10　アクチンフィラメント・架橋タンパク質複合体

謝辞

　本章を執筆するにあたり多大な協力を頂き，また本研究内容を大きく推進した筑波大学大学院・NIMS 高分子グループの忰山高大氏に深く感謝します．また，本研究を遂行するに当たり，多数のご助言と励ましを頂いた九州大学大学院・新海征治教授（現：崇城大学教授），本研究に携わって下さいました久保羊平博士，竹林新二博士，若林里衣博士，藤越千明女史，柴田誠之氏に深く感謝します．高分解能電子顕微鏡観察は九州大学大学院・金子賢治准教授との共同研究であり，深い議論を幾度となく交わさせていただきました．ここに感謝いたします．

第5章　動的分子認識素子を利用した分子集合体構築

〈参考文献〉

1) a) I. Tabushi, T. Sasaki, *J. Am. Chem. Soc.*, **105**, 2901 (1983) ; b) I. Tabushi, S.-i. Kugimiya, M. G. Kinnaird, T. Sasaki, *J. Am. Chem. Soc.*, **107**, 4192 (1985) ; c) I. Tabushi, S.-i. Kugimiya, T. Sasaki, *J. Am. Chem. Soc.*, **107**, 5159 (1985) ; d) I. Tabushi, S.-i. Kugimiya, *J. Am. Chem. Soc.*, **108**, 6926 (1986) ; e) Y. Kikuchi, Y. Tanaka, S. Sutarto, K. Kobayashi, H. Toi, Y. Aoyama, *J. Am. Chem. Soc.*, **114**, 10302 (1992) ; f) J. Rebek. Jr., T. Costello, L. Marchall, R. Wattley, R. C. Gadwood, K. Onan, *J. Am. Chem. Soc.*, **107**, 7481 (1985)
2) a) S. Shinkai, M. Ikeda, A. Sugasaki, M. Takeuchi, *Acc. Chem. Res.*, **34**, 494 (2001) ; b) M. Takeuchi, A. Sugasaki, M. Ikeda, S. Shinkai, *Acc. Chem. Res.*, **34**, 865 (2001) ; c) 池田将，竹内正之，新海征治，有機合成化学協会誌, 60巻, 1201-1209 (2002)
3) a) A. Sugasaki, M. Ikeda, M. Takeuchi, S. Shinkai, *Angew. Chem. Int. Ed.*, **39**, 3839 (2000) ; b) A. Sugasaki, K. Sugiyasu, M. Ikeda, M. Takeuchi, S. Shinkai, *J. Am. Chem. Soc.*, **123**, 10239 (2001) ; c) M. Ayabe, A. Ikeda, Y. Kubo, M. Takeuchi, S. Shinkai, *Angew. Chem. Int. Ed.*, **41**, 2790 (2002) ; d) O. Hirata, M. Takeuchi, S. Shinkai, *Chem. Commun.*, 3805 (2005) ; e) T. Ikeda, O. Hirata, M. Takeuchi, S. Shinkai, *J. Am. Chem. Soc.*, **128**, 16008 (2006)
4) a) M. Hamaguchi, K. Yoshino, *Appl. Phys. Lett.*, **67**, 3381 (1995) ; b) P. Dyreklev, M. Berggren, O. Inganas, M. R. Andersson, O. Wennestrom, T. Hjertberg, *Adv. Mater.*, **7**, 43 (1995) ; c) J. Kim, T. M. Swager, *Nature*, **411**, 10300 (2001) ; d) Z. Zhu and T. M. Swager, *J. Am. Chem. Soc.*, **124**, 9670 (2002) ; e) H. Goto, K. Akagi, H. Shirakawa, *Synth. Met.*, **84**, 373 (1997) ; f) K. Sakamoto, K. Miki, M. Misaki, K. Sakaguchi, R. Azumi, *App. Phys. Lett.*, **90**, 183509 (2007) ; g) K. Müllen, G. Wegner, *Electronic Materials: The Oligmer Approach*, WILEY-VCH, Weinheim (1998)
5) a) Y. Kubo, Y. Kitada, R. Wakabayashi, T. Kishida, M. Ayabe, K. Kaneko, M. Takeuchi, S. Shinkai, *Angew. Chem. Int. Ed.*, **45**, 1548 (2006) ; b) R. Wakabayashi, K. Kaneko, M. Takeuchi, S. Shinkai, *New J. Chem.*, **31**, 790 (2007)
6) Y. Kubo, M. Ikeda, A. Sugasaki, M. Takeuchi, S. Shinkai, *Tetrahedron Lett.*, **42**, 7435 (2001)
7) R. Wakabayashi, Y. Kubo, O. Hirata, M. Takeuchi, S. Shinkai, *Chem. Commun.*, 5742 (2005)
8) R. Wakabayashi, Y. Kubo, K. Kaneko, M. Takeuchi, S. Shinkai, *J. Am. Chem. Soc.*, **128**, 8744 (2006)
9) T. Moriuchi, S. Bandoh, M. Miyashita, T. Hirao, *Eur. J. Inorg. Chem.*, 651 (2001)
10) T. Kaseyama, S. Takebayashi, R. Wakabayashi, K. Kaneko, S. Shinkai, M, Takeuchi, *Chem. Eur. J.*, **15**, 12627 (2009)
11) T. Kaseyama, R. Wakabayashi, K. Kaneko, S. Shinkai, M. Takeuchi, *Chem. Eur. J.*, DOI：10.10021 Chem. 201002675
12) S. Takebayashi, K. Kaneko, S. Shinkai, M. Takeuchi : to be submitted
13) B. Alberts, A. Johnson, J. Lewis, M. Raff, K. Roberts, P. Walter, *4 ed. MOLECULAR BIOLOGY OF THE CELL*, Garland Science, New York (2002)

第6章
金属錯体ナノ空間における高分子化学

植村 卓史　(Takashi Uemura)
京都大学　大学院工学研究科　合成・生物化学専攻　准教授

6.1 はじめに

　人類の発展に大きく寄与してきた高分子材料の研究は，長年にわたる化学の主要テーマであるが，高効率化・高機能化が求められる21世紀には，高分子の精密な一次構造制御や高次元集積ができる技術の開発が望まれている．しかし，通常，高分子材料を合成するときはフラスコや反応釜といったマクロスケールの反応容器を用いるので，得られる高分子鎖はバルク状態で必然的に絡み合ってしまい，ナノレベルでの構造制御は困難である．これに対して，ナノスケールの均一な空間を用意して，それをナノサイズの重合容器として用いることができれば，モノマーの配向，位置，距離，電子状態などが巧みに制御できることから，空間を構築する壁が重合反応に大きな影響を及ぼし，高分子の一次構造や集積状態の制御を行うことが可能になる．このようなコンセプトのもと，様々な特徴を持ったナノ空間材料（ゼオライト，粘土鉱物，有機ホストなど）を重合反応場として利用する試みが盛んに行われてきた[1]．しかし，近年の高分子材料の発展と多様性を考えたとき，ナノ空間の持つ情報（つまり空間のサイズ，形状，表面機能性など）を自在に設計することができれば，様々な種類の高分子を目的に応じた構造，集積様式で得るシステムができるはずである．

　近年，有機配位子と金属イオンとの自己集合反応により均一なナノ細孔を持つ多孔性金属錯体の研究が盛んに行われるようになっている（図6.1）[2]．このような多孔性金属錯体のナノ細孔は高分子鎖がちょうど1本から数本で包接される程度の大きさであり，高分子合成の場として利用すれば，得られる高分子の反応位置，立体規則性，分子量の制御が可能になるだけではなく，高分子鎖の配列や高次構造が精密に制御された新たな有機無機ナノ複合体を構築できる[3]．本章ではこのような機能性ナノ空間を用いることで，従来法では不可能であった新規構造高分子の合成，革新的な重合制御法，およびナノ空間内での高分子の特異的な挙動について述べる．

第6章　金属錯体ナノ空間における高分子化学

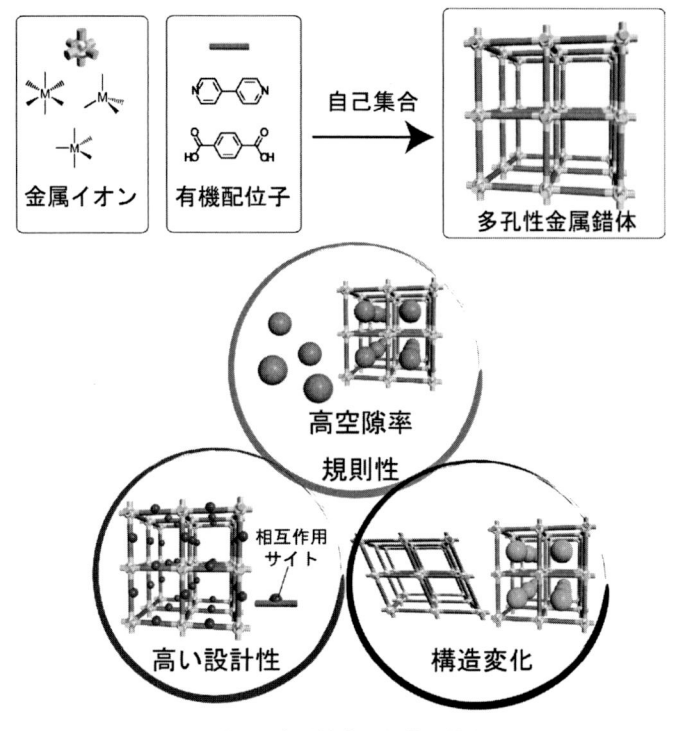

図6.1　多孔性金属錯体の特徴

6.2　多孔性金属錯体とは

　多孔性物質とは，固体の内部に非常に小さな孔が多数開いた大きな空隙を有する固体物質を指す．身近なところでは，脱臭などに使われている活性炭から，工業的にも触媒として広く用いられているゼオライトまで，我々の生活に深くかかわっている．これらの孔はその大きさによってそれぞれマクロ孔（>50 nm），メソ孔（2～50 nm），マイクロ孔（<2 nm）に分類されている[4]．多孔性金属錯体が主に対象としているマイクロ孔では細孔のサイズが分子直径に近いため，細孔内に侵入した分子は壁の存在を強く感じるようになる．つまり，相対する細孔壁の影響が強く現れるようになり，ファンデルワールス力のような弱い相互作用であっても，相対する細孔壁のポテンシャルが重なり合い，熱エネルギーに対して無視できない大きさとなってくる．四隅が囲まれた場合の相互作用はもっと大きいことは言うまでもない．分子はこの強いポテンシャルを感じながら，制限された空間にできるだけ安定に詰まろうとするため，バルクの状態とは異なる特異的な凝集状態を作りやすい．この吸着能に関する例から，分子が数個程度入りうるナノサイズの空間は，分子の吸蔵，貯蔵，特異的配向，活性化など機能の宝庫となっている．

　多孔性物質のもうひとつの特徴として，非常に大きな表面積を持つということがある．例え

ば，代表的なマイクロ孔物質として活性炭が挙げられるが，高表面積活性炭などはその表面積が2,000 m^2/g（材料1グラムあたりの表面積）以上に達するものも存在する．表面積が2,000 m^2/g といわれてもピンと来ないかもしれないが，これはコップ1杯の活性炭で東京ドーム約2個分の面積に相当するといえば想像に難くない．通常の固体では，構成している原子がほとんど内部に存在し表面に露出している割合はごくわずかであるが，このような多孔性の固体は，構成している原子の多くが表面に露出している．分子の吸着，不均一触媒反応などは固体表面で起こるために，これらの機能の発現には細孔のサイズとともに表面の多さが重要な役割を果たしている．

　こういった多孔性物質の機能の発現には，ナノサイズの空間を自在に設計することが望まれるが，従来，ゼオライトや活性炭ではナノ空間を分子レベルで自在に設計することは非常に困難であった．しかし，有機無機ハイブリッド構造である多孔性金属錯体は，原理的に配位子と金属イオンの無限の組み合わせが存在することから，極めて高い設計性を有する（図6.1）．すなわち，配位結合を中心とする化学結合を用いて構造単位（ビルディングブロック）を合理的に用いることで，空間の次元性やサイズ制御だけではなく，形状の制御や官能基の導入までできる．もちろんビルディングブロックの電子構造をチューニングすることにより，単なる空間構造のみではなく電子物性，化学反応性の付与も可能である．つまり，自分の欲しい空間構造や機能を自ら創製することができるという有用性がある．また，化合物の性質上，錯体空間は基本的に結晶性を有する規則的な空間となり，後述のような高分子の低次元規則配列を可能にする（図6.1）．しかし，フレーム構造が超分子構造によって構築されるため，柔軟で動的な空間を産み出すこともできる（図6.1）．すなわち，種々の外部刺激（光，熱，電子，磁場，ゲスト分子など）によって，空間構造を大きく変化させることもでき，これは，従来型の多孔体とは一線を画する性質といえる．

　このような特徴から，近年では，錯体化学者のみならず幅広い分野の研究者から高い注目を集めている．ここでは，特に高分子化学との接点にフォーカスし，多孔性錯体のナノ空間を重合反応場として利用することで，いかに生成高分子の構造制御が可能になるか，また，機能発現の場として利用することで，単分子鎖から数本鎖の高分子集積体を自在に創り出し，その特異物性や新機能について紹介する．

6.3　ビニルモノマーのラジカル重合制御

　ラジカル重合は最も基礎的で古くから研究，開発が行われており，現在の産業においても主要な役割を演じている．しかし，反応性の高いラジカル種を介した連鎖機構で反応が進むため，その制御が極めて難しく，得られる高分子の分子量や立体規則性，反応位置，共重合定序性などの一次構造制御はいまだに困難である[5]．そこで，筆者らは一次元チャンネルを有する多孔性金属

第6章 金属錯体ナノ空間における高分子化学

図 6.2 $[M_2(L)_2(ted)]_n$ の細孔構造

錯体 $[M_2(L_2)(ted)]_n$ ($M = Cu^{2+}$ or Zn^{2+}；L = dicarboxylate ligands；ted = triethylenediamine) の細孔中（図6.2）で種々のビニルモノマーのラジカル重合を行うことで，高分子構造の制御を試みた[6-10]．その結果，反応途中にホスト錯体の結晶構造は壊れることなく，ホストのチャンネル内で重合が進行することがわかった．ESR測定より，重合途中の成長ラジカルがバルクや溶液中での重合に比べてはるかに高濃度，超寿命であることが明らかになった．得られた高分子の分子量分布がバルク重合で得られたものに比べて狭くなったことから，ナノ細孔中での重合反応がリビング重合的に進行していることが明らかになった[6,7]．これは，成長ラジカルが狭いナノ空間中で保護されるために，停止反応が抑制されるためであり，このようなナノ細孔を反応場とすることで，反応性の極めて高い高分子成長ラジカルを制御できることがわかってきた．

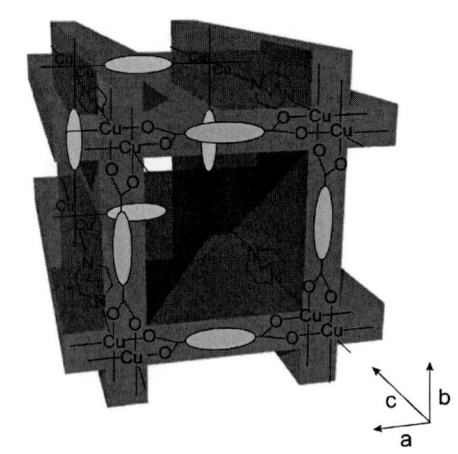

前述のとおり，多孔性錯体の最も大きな特徴は，細孔サイズ，形状，表面状態を合理的に変化できるといった高い設計性にある．そこで，$[Cu_2(L_2)(ted)]_n$ のLを変えることにより，Åオーダーでの細孔のチューニングを行い，これらの細孔中で種々のビニルモノマー類の重合を試みた．その結果，細孔サイズとモノマー反応率には，明確な関連性が確認でき，細孔サイズが小さくなるほど重合反応率が低下していくことがわかった．これは，狭いナノ空間ではモノマーが強く拘束され，重合ができるほどの運動性を稼げないからである[7]．また，このような細孔中での重合において，通常のバルクや溶液重合とは，立体規則性が異なる高分子が得られることがわかった．Lを変化させてホスト錯体の細孔サイズを小さくするほど，イソタクティシティの値が増えていくという細孔サイズ依存性が確認された[7]．しかし，その変化量はそれ

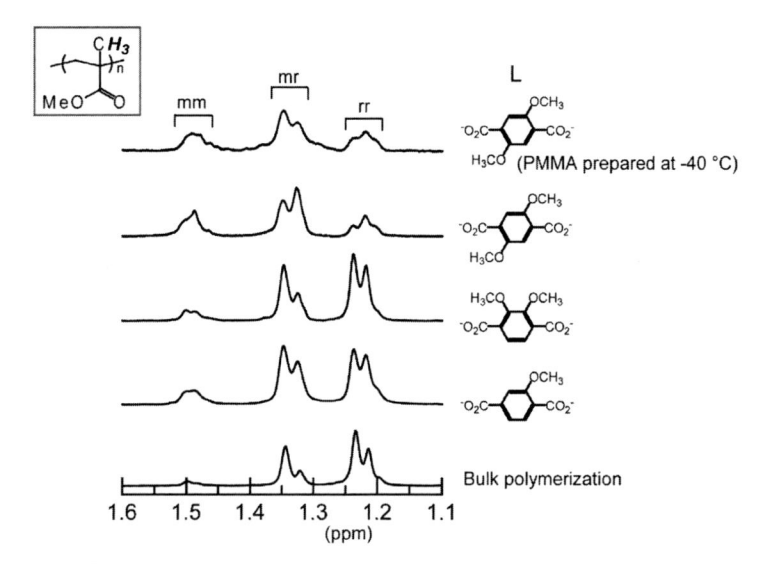

図 6.3 [Cu$_2$(L)$_2$(ted)]$_n$ (L＝メトキシ基置換配位子；ted＝riethylenediamine) の細孔内において 70 ℃ で合成された PMMA の ^{1}H NMR スペクトル
(mm＝isotactic triad, mr＝heterotactic triad, and rr＝syndiotactic triad)

ほど大きくなかったために，多孔性錯体の配位子に種々の置換基を導入することで，得られる高分子の立体規則性に与える影響を調べた[8]．例えば，メタクリル酸メチル（MMA）の重合において，テレフタル酸系配位子 L の 2,3 位に置換基がついた場合はバルク重合で得られたポリメタクリル酸メチル（PMMA）と立体規則性はわずかしか変わらないが，2,5 位についた場合ではイソタクティシティの値が増大することが明らかになった（図 6.3）．細孔の形状を窒素吸着測定による細孔系分布解析や MD シミュレーションなどで調べると，2,5-位置換体の一次元細孔は，規則的で対称性が高く，らせん的な構造を取っていることがわかった．イソタクティック高分子はらせん構造を取りやすいことから，このような構造的要因が生成 PMMA の立体規則性に影響を及ぼしていることがわかった．2,5-位置換錯体において，置換基のサイズを大きくし，細孔サイズを小さくしていくと，イソタクティシティの値が増加していくことがわかった．特に，メトキシ基を導入したときに大きな効果が確認され，通常は合成が困難なイソタクティシティが 50％ を越える PMMA の合成に成功した（図 6.3）．また，通常は低温ラジカル重合を行うと，得られる PMMA のシンジオタクティック部位が増加するが，この錯体細孔内で合成された PMMA は低温でも高いイソタクティシティを示すことがわかった（図 6.3）．

ラジカル共重合，すなわちラジカル重合開始剤を用いたモノマー混合物の重合は，基本的にランダム共重合体を生成し，モノマーシークエンスの制御は困難である．そこで，錯体ナノ空間を反応場として用いることで，共重合の反応性への影響を調べた[9]．[Cu$_2$(bdc)$_2$ted]$_n$ (bdc＝

1,4-benzendicarboxylate）の細孔中（細孔サイズ＝7.5×7.5 Å^2）にスチレン（分子サイズ＝7.2×4.4 Å^2）と MMA（分子サイズ＝6.8×4.5 Å^2）を同時に包摂させ共重合を行った．Finemann-Ross 法によりモノマー反応性比を求めると r_{St}＝0.33, r_{MMA}＝0.61 となった．これらの値はバルクや溶液中でのフリーラジカル共重合での値（r_{St}＝0.53, r_{MMA}＝0.49）と比較すると，反応性の大小関係が変化していることがわかる．これは，ナノサイズの細孔を用いることで通常の共重合を行う時に比べ，モノマーのサイズの影響が大きくなり，分子サイズが大きなスチレンの方が MMA に比べ，運動性が制限され，反応性比が逆転したものと解釈できる．

　複数の反応サイトを有するジビニルベンゼン（DVB）はラジカル重合において通常架橋剤として用いられ，単独で重合すると不溶性の架橋型高分子を生成する．これに対して，このモノマーを [M$_2$(L)$_2$(ted)]$_n$ の一次元ナノ細孔中で重合を行ったときの挙動について検討を行った[10]．例えば，[Cu$_2$(bpd)$_2$(ted)]$_n$（bpd＝biphenyl-4,4′-dicarboxylate）の細孔中（10.8×10.8 Å^2）で反応を行った場合，DVB の分子サイズ（8.5×4.4 Å^2）に対して，細孔サイズが大きいために効果的な制御には至らず，架橋された不溶性高分子を得た．続いて，細孔サイズが 7.5×7.5 Å^2 である [Cu$_2$(bdc)$_2$ted]$_n$ を用いて重合を試みたが，この場合は細孔サイズがモノマーに対して小さくなり，DVB が重合可能な配向を取ることができず，全く高分子生成物は得られなかった．そこで，次に細孔サイズは同じだが，M を Cu^{2+} から Zn^{2+} に変えたナノチャンネル中で反応を行うと，DVB の重合が高効率で進行し，可溶性の高分子が得られることがわかった．IR 測定からポリマーがビニル基を有していることが明らかになり，^{1}H NMR スペクトルにおいて，ベンゼン環部位，ビニル基および主鎖構造由来のピークが確認され，それらの積分比より DVB の片方のビニル基だけが選択的に重合し，直鎖状の高分子が得られたということがわかった（図 6.4）．この重合反応性の違いは錯体の細孔サイズおよび骨格柔軟性に起

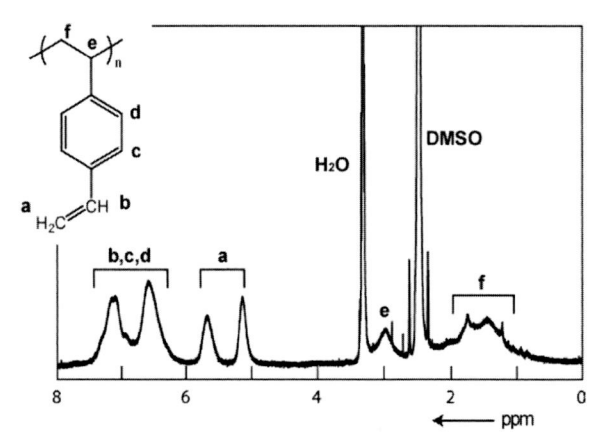

図 6.4　[Zn$_2$(bdc)$_2$(ted)]$_n$ の細孔内で DVB を重合後に得られた直鎖状高分子の ^{1}H NMR スペクトル

因することがわかり，XRPD測定から柔軟な骨格を有するZn^{2+}系錯体では細孔構造が変化し，細孔内におけるモノマーの近接配置を可能にしており，これにより，細孔内のDVBの重合が進行することがわかった．

これらの実験結果を通して，金属錯体の細孔サイズや形状，構造柔軟性がモノマーの配置や重合する方向に大きな影響を及ぼし，従来法では困難もしくは不可能であったビニル高分子の立体規則性制御や反応位置制御ができるということがわかった．

6.4 触媒細孔を用いた機能性π共役高分子の制御合成

多孔性金属錯体の設計において，種々の金属イオンや有機官能基を用いることで，細孔表面に特異な活性点や相互作用点を規則的に配列した構造を構築できる．これにより，様々な反応を触媒し，細孔のサイズや形状に応じて，得られる生成物の構造を制御できるという研究が報告され始めている[11]．

最近，筆者らは，有機配位子由来の特異な表面ポテンシャルを有したチャンネル内で，いくつかの置換アセチレンが自発的に重合する現象を見出した[12]．ピラードレイヤー型多孔性金属錯体［$Cu_2(pzdc)_2bpy$］$_n$（pzdc = 2,3-pyrazinedicarboxylate, bpy = 4,4′-bipyridine，細孔サイズ = 8.2×6.0 Å^2）の細孔中に一置換アセチレンであるメチルプロピオレートを導入すると，細孔中でメチルプロピオレートが自発的に重合し，トランス付加が優先された置換ポリアセチレンを生成していることが明らかになった．このような自発重合が起こるメカニズムを解明するために，この錯体を用いていくつかの一置換アセチレンや二置換アセチレンの重合を試みた．その結果，電子受容性基を有する一置換アセチレンでは同様に細孔内自発重合が進むが，電子供与性基を有する一置換アセチレンおよび二置換アセチレンでは全く反応が起こらなかった．以前の研究から，無置換アセチレンが同様のピラードレイヤー構造をした［$Cu_2(pzdc)_2pyz$］$_n$（pyz = pyrazine，細孔サイズ = 4.0×6.0 Å^2）の細孔表面に突き出したpzdcのカルボキシレート基と水素結合を起こしながら吸着し，アセチレン末端の水素とpzdcの酸素との間で電子が非局在化することがわかっている．今回の系では，酸性度の高い一置換アセチレンのみ，重合が進行したことから，吸着モノマーと細孔表面のpzdcとの強い水素結合により生じるアニオン性の活性アセチリドが開始剤となり，狭い空間内での反応であるため，立体選択的に重合が進行することが明らかになった（図6.5）．

細孔を形成する金属イオンサイトを反応部位として重合反応を進行させることも可能である．二次元層状構造を有する［$Ni(dmen)_2$］$_2$［$Fe(CN)_6$］$PhBSO_3$（dmen = 1,1-dimethylethylenediamine, PhBSO$_3^-$ = p-biphenylsulfonate）を用い，骨格中のFe(III)を酸化剤として利用して，ピロールの酸化重合を行った（図6.6）[13]．本錯体のレイヤー間にピロールモノマーを吸着させ，加熱することでサンプルの色が黄土色から濃緑色へと変化し，ピロールの重合が示唆された．IR

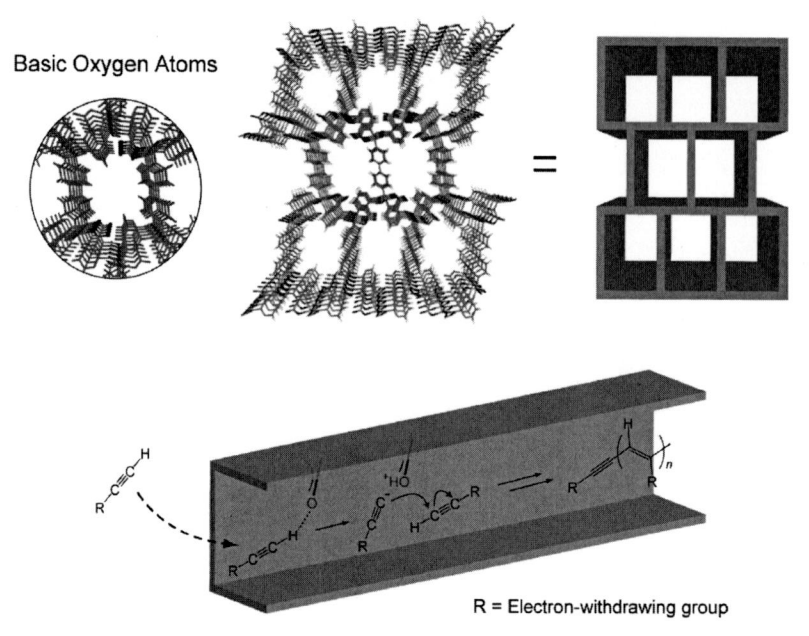

図6.5　[Cu$_2$(pzdc)$_2$bpy]$_n$ のナノ空間中での一置換アセチレンの触媒的自発重合

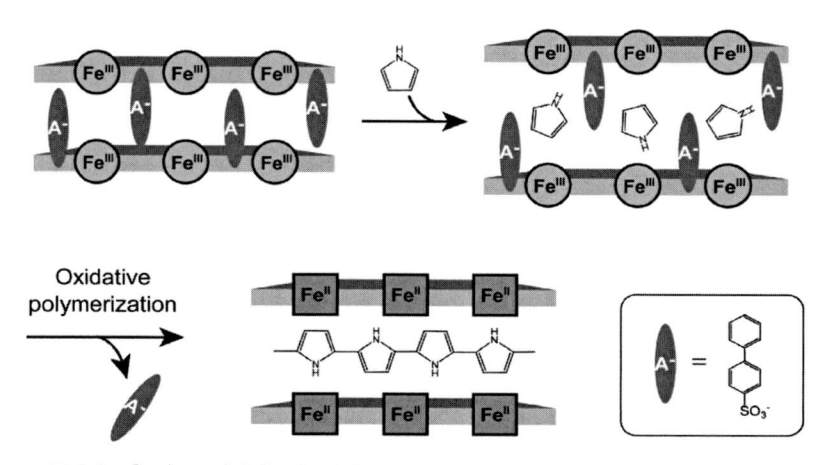

図6.6　[Ni(dmen)$_2$]$_2$[Fe(CN)$_6$]PhBSO$_3$ の層間におけるピロールの酸化重合

でCNの伸縮が低波数側にシフトしたことから，[Fe^{III}(CN)$_6$]$^{3-}$ユニットがピロールを酸化して [Fe^{II}(CN)$_6$]$^{4-}$となったことがわかり，XRPDより重合後も複合体は結晶性を保っていることを確認した．得られた複合体をEDTA水溶液中で撹拌することでホスト錯体を分解・除去し，黒色粉末としてポリピロールを得た．得られたポリピロールのXRPD, SAXS測定よりピロールπ環の積層構造に基づく構造秩序が存在することが示唆された．そこで，SEM測定を行うことで，単離したポリピロールの形状を観察すると，レイヤー状のポリピロールシート

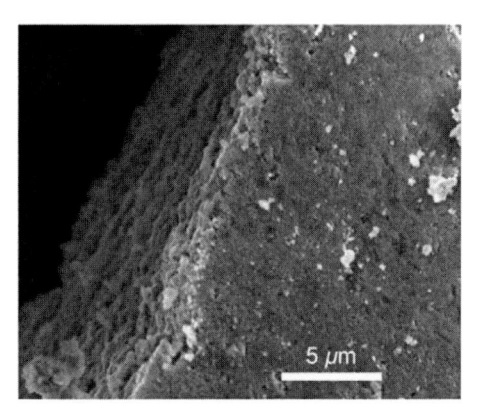

図 6.7　[Ni(dmen)$_2$]$_2$[Fe(CN)$_6$]PhBSO$_3$ のレイヤー間で合成，単離されたポリピロールの SEM 写真

が積み重なったモルフォロジーを有することを確認した（図 6.7）．つまり，二次元レイヤー状の錯体空間を鋳型としてピロールの重合を行うことで，複合体中でポリピロールが二次元的に配向し，その配向を保ったまま複合体から単離できたことを示している．興味深いことに，得られたポリピロールシートの導電性を測定すると，シートに対して平行方向の導電性が垂直方向に比べて 20 倍高いという異方性を示すことが明らかになった．

続いて，三次元的に連結された細孔を有する多孔性金属錯体 [Cu$_3$(TMA)$_2$]$_n$（BTC = benzene-1,3,5-tricarboxylate）を鋳型としてピロールの酸化重合を行った[14]．ここでは，骨格中の銅イオンを触媒として，酸素雰囲気下で細孔内重合を試みた．反応前後における種々の測定，解析から，重合反応が細孔内でのみ進行し，反応終了後もホスト錯体の多孔性構造が保持されていることを確認した．次に，得られた複合体をアンモニア水溶液中で攪拌することで，ホスト錯体を溶解させて取り除き，ポリピロールの単離をした後，ガス吸着測定を行った．その結果，通常のバルク状態で合成したポリピロールは全くガス吸着挙動を示さなかったのに対し，複合体から単離したポリピロールは確かな吸着挙動を示し，多孔性構造を有することがわかった．つまり，このような錯体ナノ空間を用いた鋳型法により，高分子の高次構造が制御でき，従来の方法では発現しない新しい機能を有する高分子材料を創製できることが明らかになった．

6.5　錯体ナノ細孔内に拘束された高分子の特異物性

近年ナノ空間に閉じ込められた高分子の物性が盛んに研究されており，ナノレベルでの輸送，接着，摩擦，および回路作成に，重要な知見を与えると期待されている[15]．特に，数本鎖以下の高分子集積体を構築する極微小領域（2 nm 以下）になると，古典的な理論は使用できず，分子レベルで理解が必要となる新規物性が眠っていると考えられる．多孔性金属錯体のナ

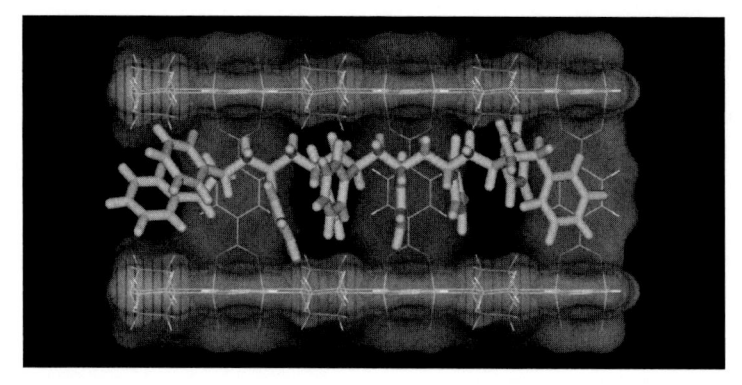

第6章 金属錯体ナノ空間における高分子化学

図6.8 錯体ナノ細孔に捕捉されたポリスチレンのコンフォメーション

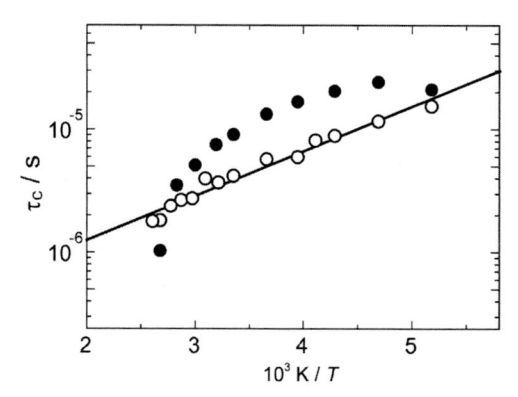

図6.9 バルク状（●）およびナノ細孔内（○）でのポリスチレンのフリップ運動における相関時間の分布

ノ細孔は，このようなサブナノサイズの環境を提供できるものであり，錯体ナノ空間に導入された高分子鎖がどのような振る舞いをするのかに興味が持たれる．

このような研究の最初の例として，最近，単分子鎖状態で拘束されたポリスチレン（図6.8）が示す特異な運動挙動について報告された[16]．$[Zn_2(bdc)_2(ted)]_n$ の一次元チャンネル内に導入されたポリスチレンのDSC測定において，バルク状ポリスチレンが示すようなガラス転移点が消失することがわかった．これは単分子鎖状の高分子鎖は集団としての相転移挙動を示さないためである．固体状態 ^{2}H NMR 測定から，細孔内でのポリスチレンの運動は，ベンゼン環周りの回転運動（180° flip）が支配的であることがわかり，その相関時間の分布がバルク状ポリスチレンと比べてかなり狭くなることがわかった（図6.9）．つまりバルク状ポリスチレンではベンゼン環が不均一な局所環境にあるため，その運動に分布が見られるが，均一な錯体細孔中にポリスチレンを導入することでその運動を単純化できたことを示している．相関時間のプロットを行うことにより，細孔内ポリスチレンのベンゼン環の回転運動における活性化エネ

ルギーを求めると 8.8 kJ/mol であることがわかった．この値はバルク状ポリスチレン（E_a = ca.40 kJ/mol）と比べ，非常に小さく，高分子鎖は非常に狭い空間内にあるにもかかわらず，比較的自由に運動していることが明らかになった．

では，数本鎖程度集まった高分子集合体はどうなるのか？　直鎖状で結晶性を有するポリエチレングリコール（PEG）を種々の錯体細孔中に導入し，そのコンフォメーションや熱転移挙動について調べた[17]．その結果，多孔性錯体の細孔中に PEG を導入したサンプルの DSC 測定において，加熱過程でバルク状態の PEG の融点より数十度も低い温度に吸熱ピークが観測された．DSC 測定の掃引速度依存および IR スペクトルの温度変化より，このピークはバルク状態における融解に類似した熱転移現象によるものであることがわかり，1 nm 以下の空間において高分子の熱転移を初めて観測した例と考えられる．また細孔中では PEG の凝集・分散によって熱転移が起こるなど，バルク状態とは異なる転移メカニズムを含むことが示唆された．DSC により，細孔サイズが異なる錯体の細孔中での PEG の転移点を測定したところ，細孔サイズに強く依存して大きく変化し，ホスト−ゲストとゲスト−ゲストの相互作用の兼ね合いにより大きく転移温度が変化することがわかった．また，細孔サイズはほぼ同じであるが，配位子の置換基が異なる細孔中で PEG の転移点の比較を行ったところ，PEG と置換基との相互作用が強いほど細孔表面に強くトラップされ，転移温度が上昇することがわかった．つまり，このような多孔性錯体の設計可能な空間を用いることで，初めて高分子数本鎖でも熱転移挙動を示すことを明らかにし，高分子の本数や細孔の表面状態により，その挙動を制御できることがわかった．

最近では，高分子の単純な運動制御にとどまらず，導電性や発光特性を有する高分子鎖を錯体ナノ空間内に閉じ込めることで，これらの物性の制御，増大，スイッチングなども行っている．ナノ空間の特性を考慮することで，今までに見られていない複合機能が発現することもあり，新しい機能化学を展開する上で，多孔性錯体の細孔は非常に有用な場を提供してくれている．

6.6　無機高分子の制御合成

有機高分子のみにとどまらず，金属酸化物に代表され無機高分子に関しても多孔性錯体のナノ空間で合成制御をできることが明らかになった．例えば，代表的な金属酸化物であるシリカ（SiO_2）を合成する方法の一つにゾル−ゲル法がある．これはアルコキシシランを穏和な条件で加水分解・重縮合するという簡便な手法であり，ガラスや有機無機ナノハイブリッド材料の作製など幅広く用いられている[18]．しかし，通常の方法では三次元的に拡がったランダムなネットワーク構造を形成してしまい，シリカ粒子のサイズや構造の制御は困難である．そこで我々は，多孔性金属錯体が形成する空間内でゾル−ゲル反応を行うことで，サブナノナノレベル（<

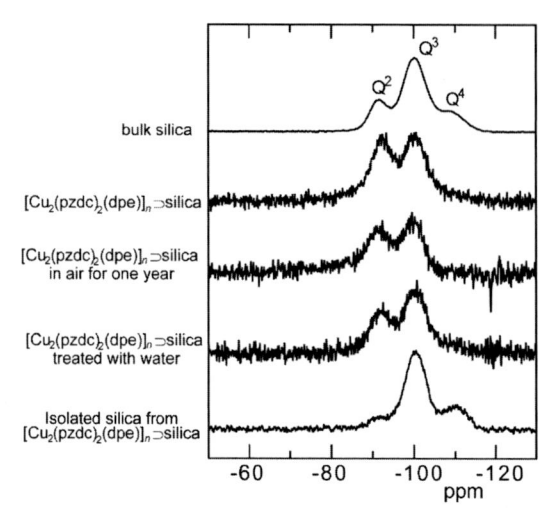

図 6.10 バルク合成されたシリカおよび $[Cu_2(pzdc)_2(dpe)]_n$ の細孔内で合成されたシリカの ^{29}Si NMR スペクトル

1 nm）で制御されたシリカの合成を試みた[19]．$[Cu_2(pzdc)_2(dpe)]_n$（dpe = 1,2-di(4-pyridyl)ethylene，細孔サイズ = 10.3×6.0 Å^2）のチャンネル中にテトラメトキシシランを導入し，加水分解および重縮合反応を行うことで，細孔内でシリカの合成を行った．XRPD 測定から，ゾル-ゲル反応の前後において，テンプレートとして用いたホストの構造は保持されていることが確認された．反応前後においてホスト結晶のサイズ，形態，粒度分布に変化が見られないことから，粒子表面や細孔外で反応していないことが示された．ここで得られたナノ複合型シリカに関して，^{29}Si NMR 測定を行うと（図 6.10），通常条件で合成したバルクシリカと異なり，ナノ細孔の規制を強く受けながらゲル化していることがわかった．興味深いことに，この低次元ナノ構造は，空気中では 1 年以上安定で，水で処理してもほとんど影響を受けないことがわかった．また，シリカは高温処理することで結晶化し，石英やクリストバライトなどの結晶に転移することが知られているが，ここで得られたシリカは，サイズが微小化しているため，クリストバライト相への結晶化温度がバルク状シリカに比べて 700 ℃ 近くも低下することを明らかにした．

6.7 おわりに

多孔性金属錯体の設計可能なナノ細孔を重合反応場として用いることで，従来法では困難，あるいは不可能な高分子を合成でき，高分子構造の精密制御が可能になることがわかった（図 6.11）．また，このようなナノ空間内に拘束された高分子集積体が特異な物性・挙動を示すこ

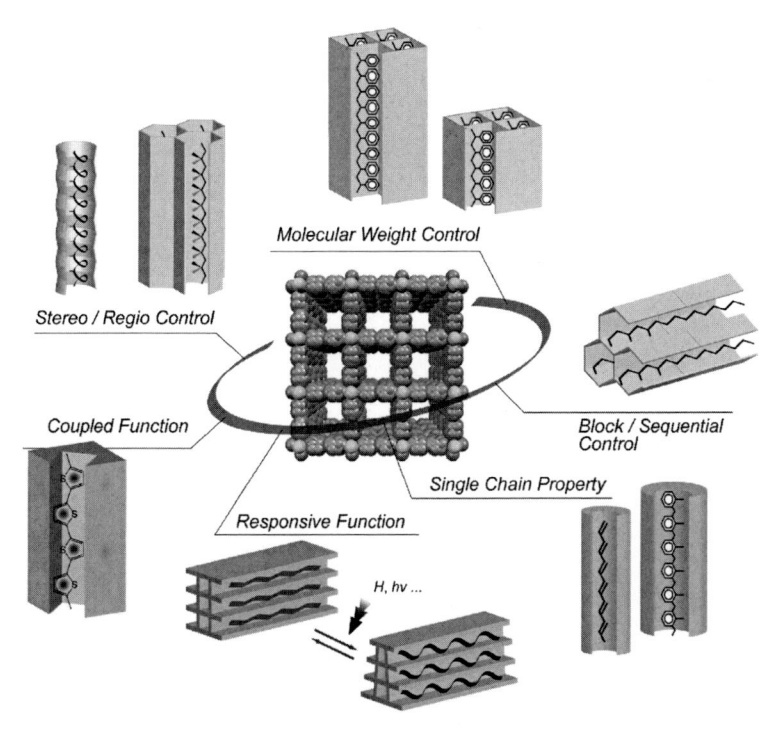

図 6.11　錯体ナノ細孔内での精密重合と高分子機能

とも明らかになった（図 6.11）．今後，多孔性金属錯体の利点をさらに活かすことで，有機高分子や無機高分子をナノレベルで自在に操る化学が展開でき，錯体化学や高分子化学の分野のみでなく，超分子や材料化学，および産業界へもインパクトを与えることが可能な学問，創造的研究になると期待される．

謝辞

　本章でとりあげた研究は，京都大学北川進研究室のスタッフ，学生の協力のもと，科学技術振興機構，戦略的創造研究推進事業（PRESTO）「構造制御と機能」領域の助成により実施された．ここに感謝の意を表する．

〈参考文献〉

1) (a) M. Miyata in *Comprehensive Supramolecular Chemistry, Vol. 10*, Pergamon, Oxford p.557 (1996)；(b) K. Kageyama, J. Tamazawa, T. Aida, *Science*, **285**, 2113 (1999)；(c) D. J. Cardin, *Adv. Mater.*, **14**, 553 (2002)
2) (a) O. M. Yaghi, M. O'Keeffe, N. W. Ockwig, H. K. Chae, M. Eddaoudi, J. Kim, *Nature*, **423**, 705 (2003)；(b) S. Kitagawa, R. Kitaura, S.-i. Noro, *Angew. Chem. Int. Ed.*, **43**, 2334 (2004)；(c) G. Férey, *Chem. Soc. Rev.*, **37**, 191 (2008)

3) (a) T. Uemura, S. Horike, S. Kitagawa, *Chem. Asian J.*, **1**, 36 (2006) (Focus Review); (b) T. Uemura, N. Yanai, S. Kitagawa, *Chem. Soc. Rev.*, **38**, 1228 (2009)
4) 近藤精一,石川達雄,安部郁夫,吸着の科学 第2版,丸善 (2001)
5) (a) G. Moad, D. H. Solomon, The Chemistry of Radical Polymerization, 2nd ed, Elsevier, Oxford (2006); (b) K. Matyjaszewski, T. P. Davis, Handbook of Radical Polymerization, Wiley-Interscience, Hoboken (2002)
6) T. Uemura, K. Kitagawa, S. Horike, T. Kawamura, S. Kitagawa, M. Mizuno, K. Endo, *Chem. Commun.*, 5968 (2005)
7) T. Uemura, Y. Ono, K. Kitagawa, S. Kitagawa, *Macromolecules*, **41**, 87 (2008)
8) T. Uemura, Y. Ono, Y. Hijikata, S. Kitagawa, *J. Am. Chem. Soc.*, **132**, 4917 (2010)
9) T. Uemura, Y. Ono, S. Kitagawa, *Chem. Lett.*, **37**, 616 (2008)
10) T. Uemura, D. Hiramatsu, Y. Kubota, M. Takata, S. Kitagawa, *Angew. Chem. Int. Ed.*, **46**, 4987 (2007)
11) (a) B. Kesanli, W. Lin, *Coord. Chem. Rev.*, **246**, 305 (2003); (b) J. Y. Lee, O. K. Farha, J. Roberts, K. A. Scheidt, S. B. T. Nguyen, J. T. Hupp, *Chem. Soc. Rev.*, **38**, 1450 (2009)
12) T. Uemura, R. Kitaura, Y. Ohta, M. Nagaoka, S. Kitagawa, *Angew. Chem. Int. Ed.*, **45**, 4112 (2006)
13) N. Yanai, T. Uemura, M. Ohba, Y. Kadowaki, M. Maesato, M. Takenaka, S. Nishitsuji, H. Hasegawa, S. Kitagawa, *Angew. Chem. Int. Ed.*, **47**, 9883 (2008)
14) T. Uemura, Y. Kadowaki, N. Yanai, S. Kitagawa, *Chem. Mater.*, **21**, 4096 (2009)
15) (a) C. J. Ellison, J. M. Torkelson, *Nat. Mater.*, **2**, 695 (2003); (b) K. Shin, S. Obukhov, J.-T. Chen, J. Huh, Y. Hwang, S. Mok, P. Dobriyal, P. Thiyagarajan, T. P. Russell, *Nat. Mater.*, **6**, 961 (2007); (c) H. R. Rowland, W. P. King, J. B. Pethica, G. L. W. Cross, *Science*, **322**, 720 (2008)
16) T. Uemura, S. Horike, K. Kitagawa, M. Mizuno, K. Endo, S. Bracco, A. Comotti, P. Sozzani, M. Nagaoka, S. Kitagawa, *J. Am. Chem. Soc.*, **130**, 6781 (2008)
17) T. Uemura, N. Yanai, S. Watanabe, H. Tanaka, R. Numaguchi, M. T. Miyahara, Y. Ohta, M. Nagaoka, S. Kitagawa, *Nature Commun.*, **1**, 83 (2010)
18) (a) N. J. Halas, *ACS Nano*, **2**, 179 (2008); (b) R. Shenhar, V. M. Rotello, *Acc. Chem. Res.*, **36**, 549 (2003)
19) T. Uemura, D. Hiramatsu, K. Yoshida, S. Isoda, S. Kitagawa, *J. Am. Chem. Soc.*, **130**, 9216 (2008)

第7章
フラーレン誘導体の分子集合と有機薄膜太陽電池

松尾　豊　（Yutaka Matsuo）
東京大学　大学院理学系研究科　特任教授

7.1　はじめに

　フラーレン C_{60}[1]（図7.1）は，炭素原子60個が集合してできたサッカーボール形状をもつ炭素クラスターであり，大きく曲がって球状に閉じたπ電子共役系をもつため，高い電子親和力をもつ．そのため，フラーレンは，電子受容体であるn型有機半導体分子として，有機薄膜太陽電池，有機トランジスタなどの有機エレクトロニクスデバイスに用いられる．最近，有機デバイスの高効率化研究において，用いる有機材料の電子的特性を優れたものにするだけでなく，その有機分子が形作る集合体の組織構造を最適化することが重要であると認識されている．フラーレンは高い電子受容能をもつなど優れた電子的特性を有するが，球状の形状をもつため，柱状や層状などの何らかの決まった集合体構造をとりにくい．フラーレンの集合体構造をつくるために，フラーレンに化学修飾[2-4]を施して得られるフラーレン誘導体が用いられる．フラーレン誘導体は，種々の有機側鎖部位を有しており，分子の形状が球対称でなくなり，

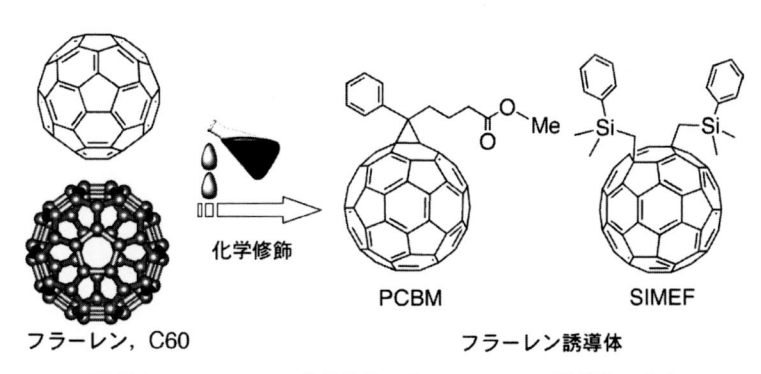

図7.1　フラーレンの化学修飾によるフラーレン誘導体の合成

様々な集合形態を取りうるようになる．

　フラーレン誘導体の分子設計を行い，望みの形状の集合体を構築し，固体として優れた特性を引き出すことは，フラーレン誘導体を用いた有機デバイスの高効率化の鍵になると考えられる．しかしながら，例えば，有機薄膜太陽電池[5-11]に標準的に用いられる2種類の構成材料，電子供与体であるポリチオフェンと電子受容体であるフラーレン誘導体（例えば，PCBM, [6,6]-Phenyl-C_{61}-Butyric Acid Methyl Ester)[12]のうち，前者の分子集合については素子のアニール効果と関連して多くの研究例があるが，後者のフラーレン誘導体の有機薄膜中での分子集合に関しては，あまり多くの知見が得られていない．フラーレン誘導体の分子集合の機序を明らかにし，固体物性の向上につなげることにより，有機薄膜太陽電池の高効率化研究を推進できると期待される．本章では，フラーレン誘導体の分子集合体を精密に構築するための戦略と実例について，筆者らの研究から取り上げて解説する．また，フラーレン誘導体の分子集合を組み込んだ，高効率な有機薄膜太陽電池について述べる．

7.2　フラーレン誘導体集合体の精密構築のための戦略

　球状の形状を有するフラーレン類は，超分子科学においてゲスト分子としてよく用いられる．フラーレン部位をゲストとして認識するホスト部位をフラーレンに取り付けることにより，分子内にホスト部位とゲスト部位を有するフラーレン誘導体を構築することができる．これが分子間でホスト-ゲスト認識することにより，形状が制御された分子集合体を形成する．このような例は，フラーレンの大量合成[13]が現実になった直後からみられる．ベンジロキシベンジル基を含むホスフィン配位子を有するVaska型のイリジウム錯体 $Ir(CO)Cl(PPh_2R)_2$ (R = $CH_2C_6H_4OCH_2Ph$) が [60]フラーレンに取り付けられ，ベンジロキシベンジル基がフラーレンを π-π 相互作用で認識した，1次元カラム状構造が明らかにされた（図7.2)[14]．このようなホスト-ゲスト錯体の形成は，設計どおりの分子集合体を構築するための有効な手段となるが[15]，フラーレンを包み込むゲスト部位がホスト部位より大きくなってしまいがちであり，バルク中でのフラーレンの濃度が薄まってしまう欠点ももつ．

　フラーレン誘導体の分子集合体を形作るための第二の方法として，相分離がある（図7.3）．フラーレンは球状の堅いπ電子豊富な芳香族性の分子であるが，ここに形状を自由にとりうる柔らかい脂肪族鎖を取り付けることにより，堅い芳香族部位と柔らかい脂肪族部位とが相分離し，集合体構造を形成する[16]．フラーレン部位はフラーレン部位どうしで，アルキル基はアルキル基どうしで集まる性質を利用するものである．そういった自己集積能の発現は，結晶中および液晶中でみられる．また，フラーレンは高い疎水性をもつ分子であるが，ここに親水性基を導入することによって，水中で二重膜ベシクル等を形成させることができる[17]．これらのような，芳香族部位と脂肪族部位，または，疎水性部位と親水性部位の異なる2種類の性質を

併せもつ二官能性分子の分子集合体形成は,フラーレン誘導体以外でも一般にみられる事象であり,機能性材料に組み込みやすい概念である.

電極や金属の表面上に,フラーレン誘導体の2次元分子集合体を構築することもできる(図7.4).フラーレン誘導体に,固体表面と相互作用または共有結合する部位を取り付け,固体表面上に自己組織化単分子膜を構築する手法である.具体的には,フラーレン誘導体にカルボン酸部位またはホスホン酸部位を取り付けることにより,透明酸化物電極であるインジウム-スズ酸化物(ITO)電極表面上に,フラーレン誘導体の自己組織化単分子膜を形成することができる.フラーレン部位はそれどうしで凝集する傾向をもつが,凝集による多層膜の形成を避けるため,フラーレン誘導体の分子形状の設計が肝要になる[18].また,フラーレン誘導体にチオール部位を取り付け,金表面上に自己組織化単分子膜をつくることができる.ただし,フラーレンは金基板と相互作用をもつので,金表面上にフラーレン誘導体チオールの良質な自己

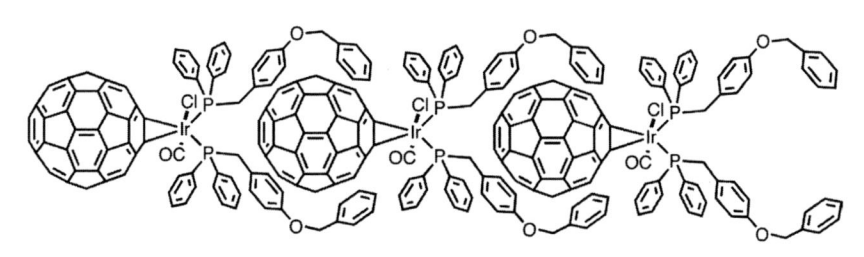

図7.2 イリジウム-フラーレン錯体による超分子構造

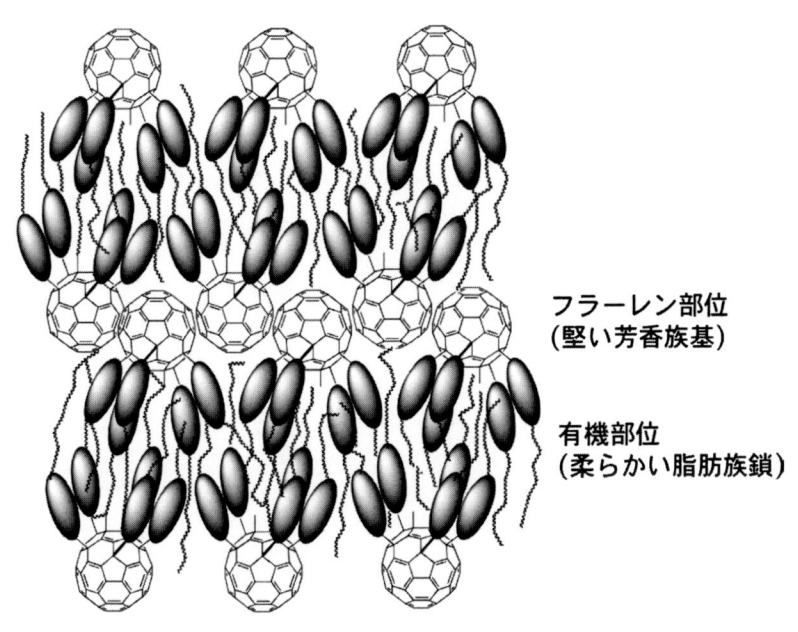

図7.3 二官能性フラーレン誘導体の分子集合

フラーレン部位
(堅い芳香族基)

有機部位
(柔らかい脂肪族鎖)

第7章 フラーレン誘導体の分子集合と有機薄膜太陽電池

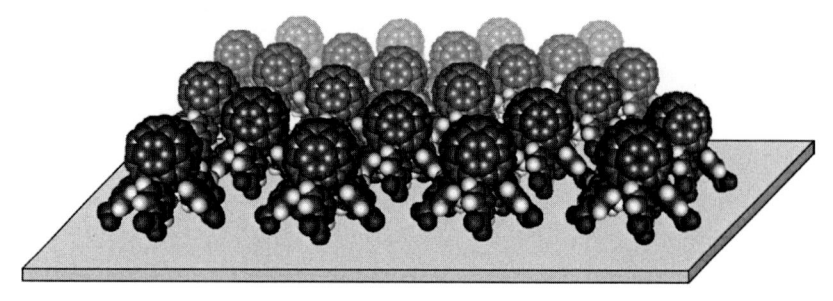

図 7.4 フラーレン誘導体の基板上での分子集合と自己組織化単分子膜の形成

組織化単分子膜を得ることは，それほど容易ではない．

7.3 フラーレン誘導体の分子集合

7.3.1 フラーレン誘導体の結晶中・液晶中におけるカラム状配列

　フラーレン誘導体を機能材料として用いるとき，薄膜，結晶，液晶などのバルク材料中でのフラーレン誘導体の分子集合体の配列・配向制御が重要となる．とりわけ液晶は，電場や磁場などの外部刺激に応答して配向する性質や，物理的・機械的な力を加えることにより配向する性質をもつソフトマテリアルであるため，有機電子デバイスへの応用が期待されてきた．しかしながら，フラーレンを組み込んだ液晶分子の合成は，あまり成功していなかった．通常，液晶においては，柱状分子あるいは円盤状分子が秩序構造を形成しており，1ナノメートルの球状のフラーレンがそこに混じると，柱状分子や円盤状分子の秩序ある集合が乱されるからである（図 7.5）．

　[60]フラーレンに，フラーレンを認識するコーン型のホスト部位を取り付けることにより，バドミントンの羽根（シャトルコック）の形をしたフラーレン誘導体が合成される[15]．例えば，長鎖アルキル基をもつ5つのアリール基を[60]フラーレンに導入することにより得られるペンタ（アリール）[60]フラーレン（図 7.6）は，アリール基で構築されるコーン型のホスト部位が，ゲストである隣の分子のフラーレン部位の球を認識し，カラム状構造を形成する．長鎖アルキル基はカラムを包み，カラムナー液晶を形成する（図 7.6）．シャトルコック液晶分子においては，分子の形状の相補的相互作用，フラーレンと羽根の芳香族基の間の $\pi-\pi$ 相互作用に加え，芳香族基（コア）と脂肪族基（シェル）の間のミクロ相分離を駆動力として分子の積み重なりが引き起こされる．液晶になる温度範囲は，約 $-20℃$ から $140℃$ である．液晶状態において，分子が head-to-tail にスタックしてカラム状構造を形成しながら，カラム状構造を被覆する長鎖アルキル基が融解した状態にあり，異方性をもちながら柔軟性を併せもっている．カラム状構造がアンチパラレルでヘキサゴナルに集合し，ヘキサゴナルカラムナー構造を形成する．シャトルコック型液晶性分子に脂肪族炭化水素溶媒を加えて溶解させることによって，リ

7.3 フラーレン誘導体の分子集合

オトロピック液晶を得ることもできる．

　フラーレン上に構築するホスト構造をコーン型からカップ型に替えることで，よりタイトにスタックするカラム状構造を構築することができる[19]．5つのアリールジメチルシリルメチル基をフラーレンに付加させることにより，フラーレン上にカップ型構造が形成される（図7.7）．炭素-炭素結合より長いケイ素-炭素結合は，カップ底部の構築に寄与し，嵩高いアリール基とフラーレン部位の立体反発は，アリール基がカップ壁部になることに寄与している．ここで，ケイ素原子はカップの底と壁をつなぐリンカーの役割も果たしている．カップ型ホスト空間を有するシャトルコック液晶分子の液晶状態の粉末X線回折測定より，カラム内でのフラーレン同士の距離は12.9Åであることが決定された．この値は，コーン型ホスト空間を有するシャ

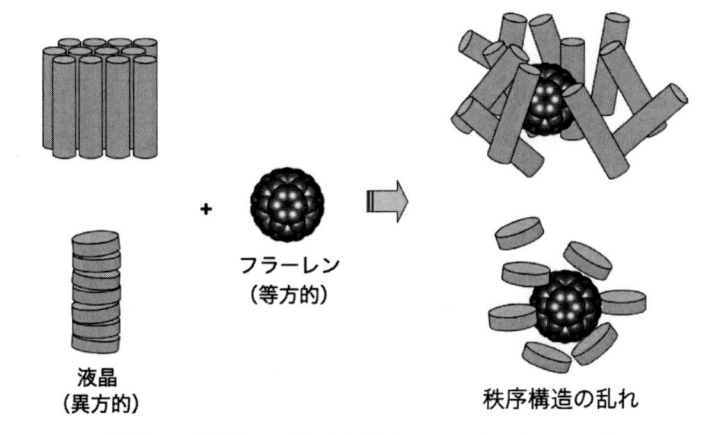

図7.5　液晶における分子形状のマッチ・ミスマッチ

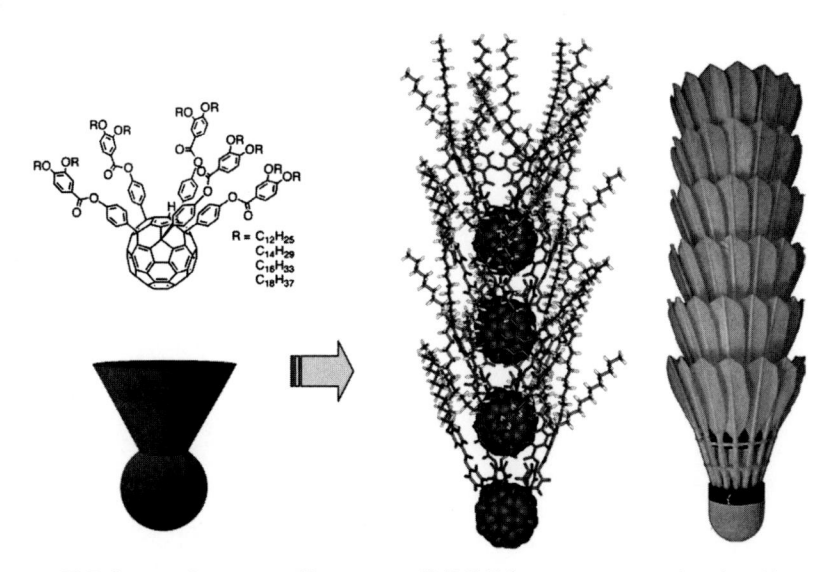

図7.6　シャトルコック型フラーレン液晶分子とhead-to-tailスタッキング

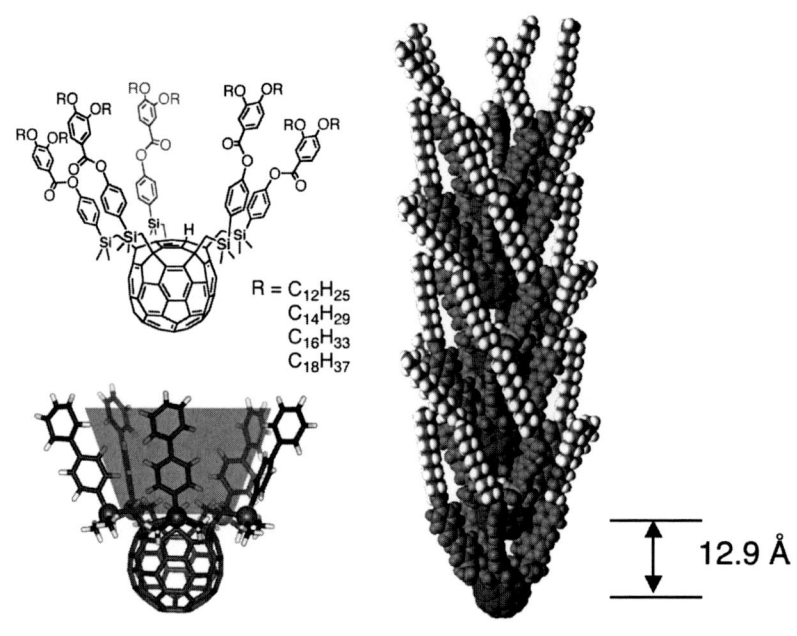

第7章　フラーレン誘導体の分子集合と有機薄膜太陽電池

図7.7　5つのシリルメチル基を用いたカップ型空間の構築と分子認識

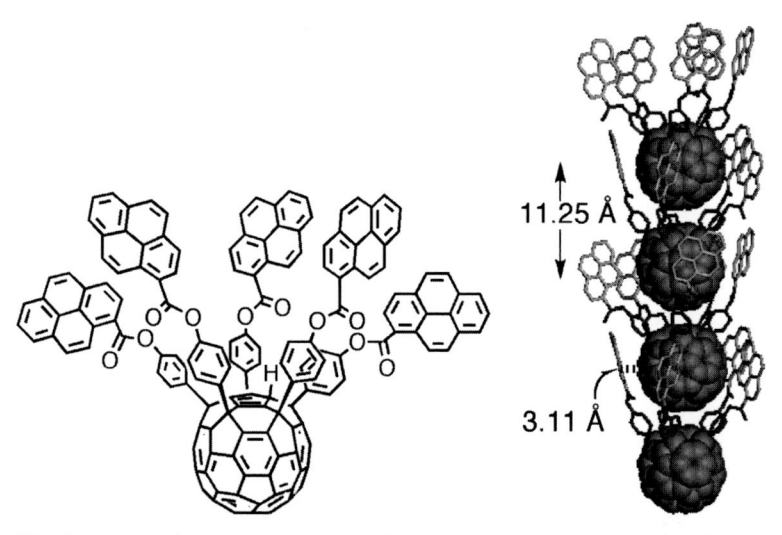

図7.8　ペンタピレニルフラーレンのピレン–フラーレン間の π–π 相互作用による1次元カラム状構造

トルコック液晶分子におけるフラーレン間距離約 14 Å に比べて約 1 Å 短い．このことから，カップは広い底部を有しながら深い空孔を形成し，カップがフラーレンを包み込んでいることがわかる．カップの縁に柔らかい羽根を取り付けた液晶分子は，高温でも安定な液晶相を発現する．カラム構造が保持できなくなって等方相に転移する温度は約 180℃ であり，コーン型空

間を有するシャトルコック分子のそれよりも約40℃高くなる．

シャトルコック型分子のホスト部位は，フラーレンが連なるワイヤーを被覆する部位でもあるので，そこに光電子機能を有するπ電子共役系分子を用いると，新しいコア・シェル型の光機能材料になると期待される[20]．5つのピレンを［60］フラーレンに導入したシャトルコック型分子（図7.8）は，深いカップ型空孔をもち，結晶中において複数のピレン部位とフラーレンの強い相互作用により，1次元カラム状構造を形成する（図7.8）．溶液中の電気化学測定において，$-1.37\,\mathrm{V}$および$-1.99\,\mathrm{V}$（vs. $\mathrm{Fc/Fc^+}$）において，フラーレン部位の還元に由来する可逆な2電子還元を，また，$-2.55\,\mathrm{V}$においてピレン部位の還元が観測される．また，ピレン部位を光励起すると，励起状態のピレン部位からフラーレン部位へ高効率なエネルギー移動が起こることが観測されている．電気化学的，光物理的機能を有するホスト－ゲスト型シャトルコック分子の分子集合体は，1次元構造体中での電子状態の解明などに関する理論物性物理の研究対象であるばかりでなく，電荷移動パスを自己集合的に形成する新しい有機半導体として興味が持たれる．

7.3.2 フラーレン金属錯体液晶の分子集合

金属原子を含有する液晶分子はメタロメソゲンと呼ばれ，電気化学的な酸化還元が可能であり，刺激応答性液晶や磁性を利用した新しいソフトマテリアルの構築が可能になると期待されることから，興味が持たれている．フェロセン等の電子供与性の金属錯体と電子受容性をもつフラーレンを両方組み込んだ液晶分子は，ドナー部位とアクセプター部位の精密配列を可能にすることから興味が持たれていたが，嵩高いフラーレンや柱状でも円盤状でもないフェロセンの形状が，液晶分子の秩序構造形成能を大きく低下させてしまう問題があった．

フラーレンの鉄錯体であるバッキーフェロセン$\mathrm{Fe(C_{60}R_5)Cp}$（R＝アルキル基，アリール基等；Cp＝シクロペンタジエニル基）をもつシャトルコック型液晶分子は，1次元カラム状超分子構造を形成してカラムナー液晶となる（図7.9）[21]．結晶状態から液晶状態に至る転移

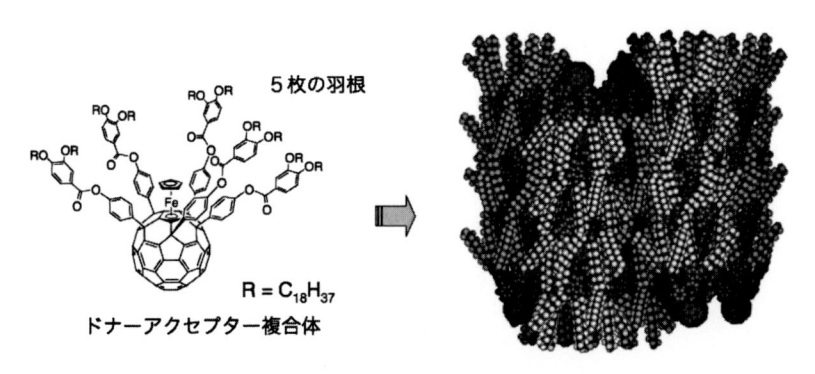

図7.9 フェロセンとフラーレンを含むシャトルコック液晶分子

(20℃)，および，液晶状態から融解状態へ至る転移（120℃）において，比較的大きな転移エンタルピー（それぞれ，152 kJ/mol，88 kJ/mol）が観測されているが，これは，分子量が大きいこと，シャトルコックスタック型の分子認識に加えて，電子受容体・電子供与体ハイブリッドの極性構造の規則配列に由来する高い秩序性の発現によるものと考えられる．この分子は，フェロセン部位での可逆な1電子酸化，フラーレン部位での可逆な3電子還元を示す．また，酸化剤であるアンチモン酸のアミニウム塩［(4-BrC$_6$H$_4$)$_3$N］［SbCl$_6$］を用いた酸化反応により，この液晶分子の酸化体が単離されている．この酸化体も液晶性を示すことが確認されている．このような3価の鉄原子をもつ常磁性のメタロメソゲンは，磁場中においても磁場配向が可能になると期待される．金属含有シャトルコック液晶分子は，電子供与体・電子受容体の配置の精密制御を可能にするため，有機薄膜太陽電池に用いる光電変換材料や，有機電界効果型トランジスタに用いる両極性半導体材料として，興味深い．

7.3.3　フラーレン誘導体の結晶中・液晶中における層状配列

1996年に初めて報告されたフラーレン含有液晶分子を図7.10に示す[22]．この分子は，153℃から189℃の温度範囲で層状配列をとるスメクチック液晶となる．1998年に報告されたフラーレンとフェロセンを両方含んだ初めての液晶分子（図7.10）[23]も，66℃から118℃の温度範囲でスメクチック液晶となる．フラーレンは球状の形状をしているが，大きな棒状構造を取り付け，フラーレン部分をあまり目立たなくすることにより，フラーレン含有液晶が得られていた．

フラーレンに5つのアルキルジメチルシリルアルキニルフェニル基 RMe$_2$SiCCC$_6$H$_4$（R＝長鎖アルキル基）を導入することにより，スメクチック液晶が得られる（図7.11）[24]．この分子集合の鍵は，π電子をもつ堅いフラーレン部位とπ電子をもたない柔らかいアルキル鎖の相分離である．導入される1つの有機基部分につきフェニル基は1つしかなく，フラーレンを包むホストとしての機能が果たせなくなっている．この分子は，結晶中および液晶中において，head-to-head および tail-to-tail 型にスタックし，フラーレン部位でできる層とアルキル鎖部

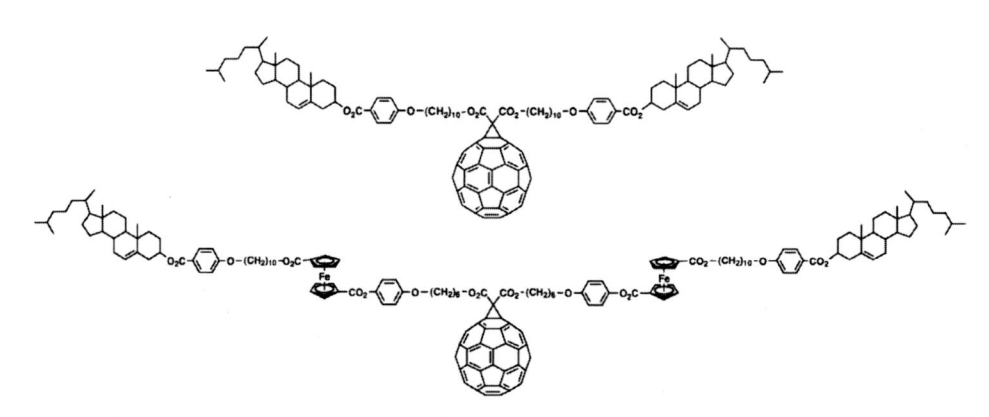

図7.10　初めてのフラーレン含有液晶およびフラーレン-フェロセン含有液晶の例

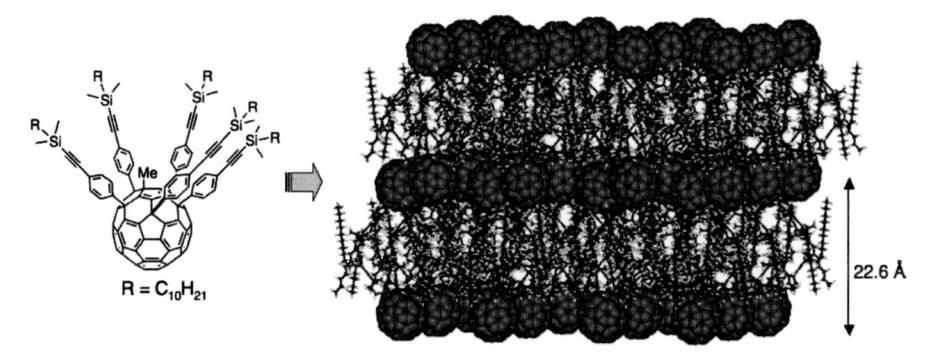

図7.11 密なフラーレン層をもつ層状構造を与えるスメクチック液晶

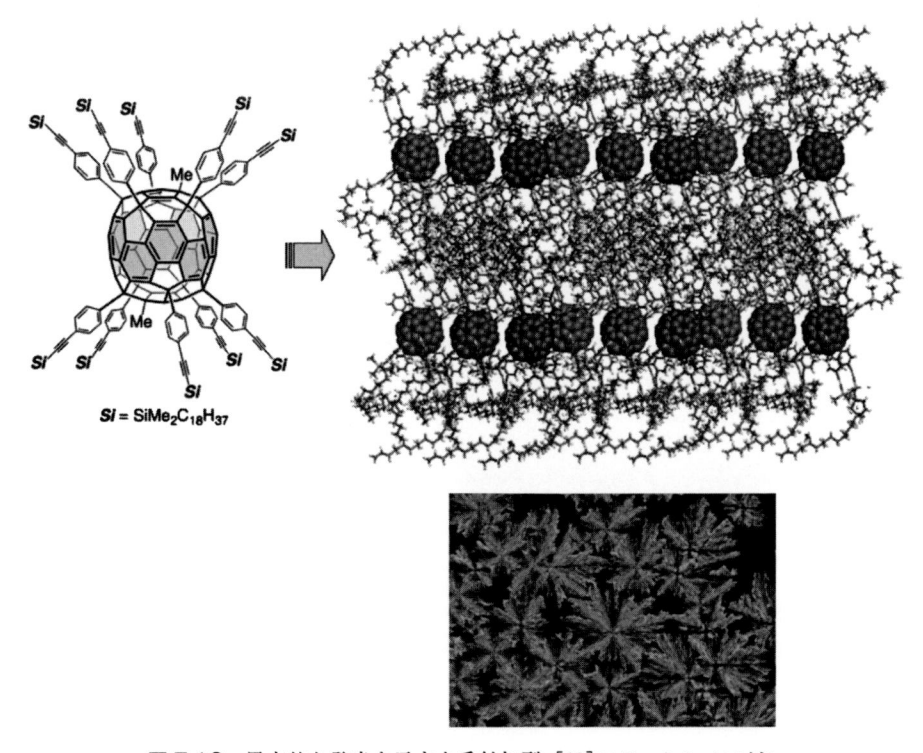

図7.12 異方的な発光を示す十重付加型［60］フラーレンメソゲン

位でできる層が相互に積層された層状構造を形成する．スメクチック液晶において，室温以下から120℃以上の温度範囲で液晶となる．フラーレン層内において，フラーレンどうしの最短距離は9.80 Åであり，フラーレンが密にパッキングされている．このような層状配列を配向させることができれば，有機トランジスタに用いる興味深い材料となる．

　フラーレンに上下に5個ずつ合計10個の有機基を付加することにより，脂肪族-芳香族-脂肪族の，ボウタイの形をした分子が得られる．この化合物も層状に相分離し，スメクチック液

晶となる（図 7.12）[25]．液晶の温度範囲は，10℃から 250℃と広範囲である．フラーレン部位に，ベンゼン環 10 個が環状に配列した，シクロフェナセン[26-29]と呼ばれるベルト型環状パイ電子共役系が存在する．シクロフェナセンは黄色の蛍光（量子収率，約 20％；発光寿命，約 70 ns）を発する．このボウタイ型の液晶分子は溶液状態でも液晶フィルム状態でも蛍光を発し，分子全体が嵩高いため，液晶中での蛍光量子収率は溶液中と比べてほとんど低下しなかった．この液晶分子のドロップキャスト膜をラビングすることにより分子を配向させ，異方的な蛍光を得る液晶発光素子の構築への応用もなされている．

7.3.4 フラーレン誘導体の 3 次元結晶

フラーレンにフェロセン部位を直接取り付けることにより，フラーレンをアクセプタ部位，フェロセンをドナー部位とする極性部位をつくることができる．この極性部位は，極性を打ち消すために分子集合する．フェロセンがついたフラーレンの裏側に，長鎖アルキル基を有するフェニル基を 5 つ導入することにより，3 次元液晶を得ることができる（図 7.13）[30]．フラーレン鉄錯体部位を有する分子が 4 つで分子集合体を与え，長鎖アルキル基を外側にして，フラーレン鉄錯体部位をコアにして，ミセル状集合体を形作る．この集合体において，分子どうしの位置関係は，相互に規定される．フェロセン部位をプラス，フラーレン部位をマイナスとして，図 7.14 のような八重極子を形成する．それにより，極性を打ち消している．

この分子は室温において結晶であり，その状態でミセル中における分子の位置関係，および，ミセル間の位置関係が規定されている．室温では流動性をもたないので，アルキル基も固まっていると考えられる．ただし，単結晶 X 線構造解析において，アルキル基はディスオーダーしていることがわかっている．温度を上げていくと，55℃でアルキル基が融解し，それにより八重極子型集合体が回転できるようになり，3 次元液晶を与える．八重極子が 1 つの分子であると，これは柔粘性結晶に分類されるが，この八重極子は分子集合体であるので，分子自体は位置の自由度をもち，3 次元液晶に分類される．3 次元液晶としてはキュービック液晶がよく

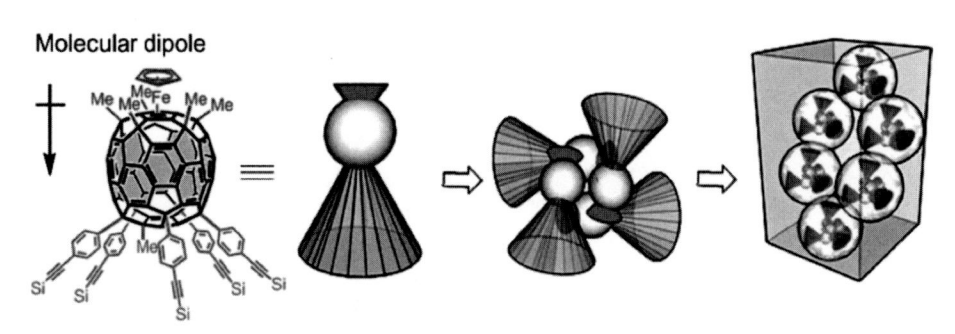

図 7.13　フラーレン鉄錯体の八重極子型分子集合による 3 次元液晶格子

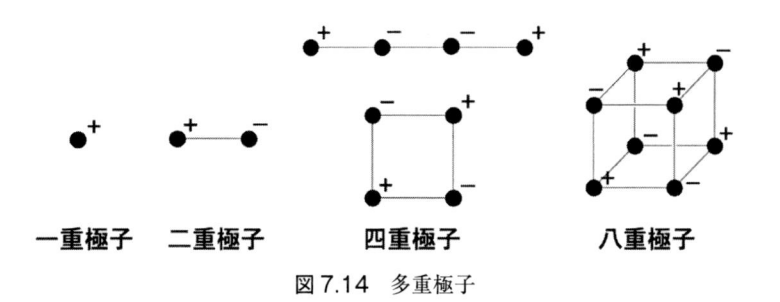

7.3 フラーレン誘導体の分子集合

一重極子　二重極子　四重極子　八重極子

図7.14　多重極子

知られているが[31]，X線回折測定から，パッキングはキュービック型ではなく，テトラゴナルであることがわかった．また，偏光顕微鏡観察においてキュービック液晶は光学的に等方性であり液晶に特有なテクスチャを与えないが，この液晶は複屈折によるテクスチャを与えたので，テトラゴナル液晶と分類された．

さらに加熱すると，230℃でコアの集合体もばらばらになり，等方性液体を与える．したがって，55℃から230℃の温度範囲で液晶になる．室温で結晶，高温で液晶になる液晶分子では，素子作製段階において液晶状態にすることにより分子を配列，配向させ，実際に使用する温度では安定な結晶を利用できる．3次元液晶をデバイスに応用する研究は，最近始まったばかりである[32,33]．

7.3.5　フラーレン誘導体の基板上での2次元分子集合

フラーレンにカルボン酸をもつアリール基を5つ導入することにより，月面着陸船の形をした，剛直でコンパクトな官能基化フラーレン誘導体が合成される（図7.15）[18]．カルボン酸部位がITOのような金属酸化物と相互作用して結合することを利用して，フラーレン誘導体の自己組織化単分子膜が構築される（図7.4）．フラーレン誘導体を電極表面に固定することにより，犠牲還元剤あるいは犠牲酸化剤を共存させて，光電流発生素子を構築することができる．ペンタカルボン酸-メチル体 $C_{60}(C_6H_4C_6H_4COOH)_5Me$ のITO電極上の自己組織化単分子膜においては，還元剤であるアスコルビン酸存在下，光を照射するとアノード電流が観測される．この分子の励起状態は三重項励起状態であり，励起されたフラーレン部位が外部の還元剤から電子を受け取り，電子をITO電極に渡すことにより電流が流れる．分子を金属錯体化し，ペンタカルボン酸-鉄錯体 $Fe[C_{60}(C_6H_4C_6H_4COOH)_5]Cp$ にすると，酸化剤であるメチルビオロゲン存在下，電流が流れる向きが逆転し，カソード電流が流れる．この鉄-フラーレン錯体の励起状態は電荷分離状態であり，光照射後，フェロセン部位からフラーレン部位へと電子が移動して電荷分離状態が形成され，電極側にある生成したフェロセニウムカチオンがITOから電子を受け取り，外側にあるフラーレンラジカルアニオンが外部の酸化剤に電子を渡すことにより電流が流れる．分子の5本の足を短くし，分子の配向を変えた $Fe[C_{60}(CH_2COOH)_5]Cp$ においては，アノード電流が観測される．フェロセニウムカチオンが外に向いており，これが外

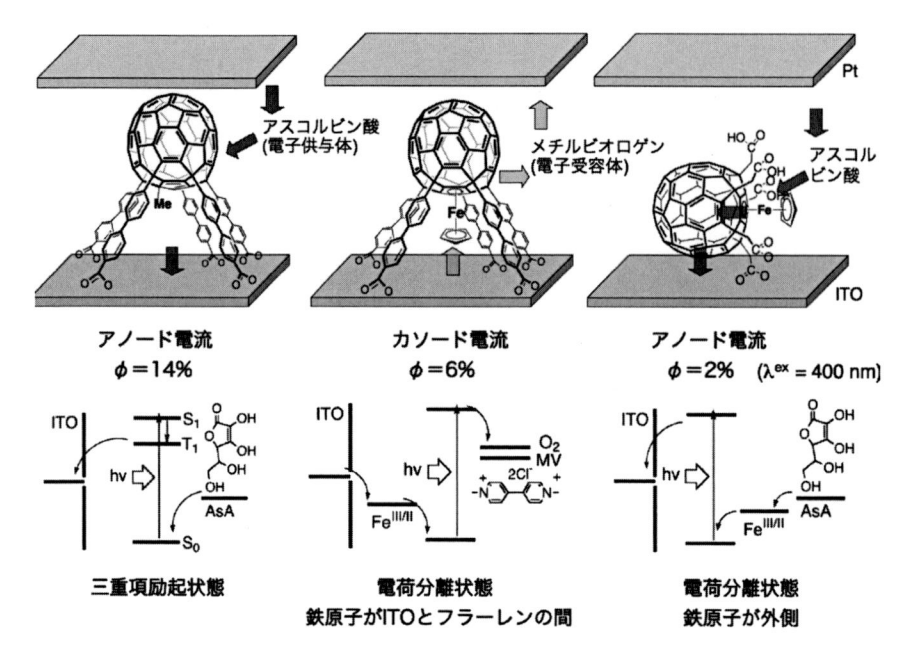

第7章 フラーレン誘導体の分子集合と有機薄膜太陽電池

図7.15 5本足のフラーレン誘導体の自己組織化単分子膜による
光電流発生および光電流発生のメカニズム

部の還元剤から電子を受け取り，フラーレンのラジカルアニオンがITOに電子を渡す．このように，分子の励起状態の選択（三重項励起状態，光誘起電荷分離状態）や分子の配向の選択（縦，横）により電流方向をスイッチすることができる．

自己組織化単分子膜は，有機薄膜デバイスにおいては無機電極界面と有機半導体界面のコンタクト改善や電極の仕事関数の制御にも用いられる．カルボン酸より強くITO電極表面に結合することが知られているホスホン酸を用いて，フラーレン誘導体をベースとした電極修飾分子が合成されている（図7.16)[34]．ホスホン酸とITOの結合は十分に強いため，ホスホン酸部位は1つでよく，官能基化有機金属試薬の使用や保護・脱保護が必要なフラーレンペンタカルボン酸の合成に比べ，合成が簡便であるという特徴がある．

この分子の光電流発生特性が調べられている．アスコルビン酸またはメチルビオロゲン存在下において，それぞれ，アノード電流，カソード電流が観測される．この事実は，アノード電流しか流さなかったフェロセン部位を含まないフラーレンペンタカルボン酸と対照的である．これは，ペンタカルボン酸分子においてはカルボン酸がπ電子共役系に直接結合しているため分子全体の極性が誘起され，電気陰性の強い向きにしか電流が流れなかったことに対して，モノホスホン酸分子においては，ホスホン酸部位が分子本体に共役しておらず，光電気活性部位は無極性に近いため，フラーレン誘導体本来の電子を両方に流す現象がみられているものと考えられる．

7.3 フラーレン誘導体の分子集合

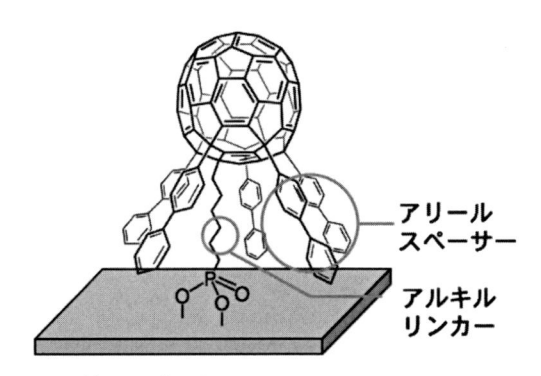

図 7.16　ITO電極に固定したペンタアリールフラーレンホスホン酸分子

　金電極は一般に，長鎖アルキル基をもつアルカンチオールの自己組織化単分子膜を用いて表面修飾される．硫黄原子と金原子の共有結合，および，アルキル鎖が表面上に充填されるときのアルキル鎖どうしの相互作用により，自己組織化単分子膜は安定化される．球状の形状をもつ芳香族分子であるフラーレンの自己組織化単分子膜を形成させて金電極を表面修飾することは，一般に困難である．フラーレンのチオール誘導体を用いるとき，チオール部位のみだけでなく，フラーレン部位も金と相互作用する．また，フラーレン部位が単分子膜に充填せず，フラーレンどうしで凝集し，多層膜を与えやすい．

　ペンタアリールフラーレンのチオール誘導体において，5枚のアリール基はフラーレンの凝集を防ぐスペーサーとして働き，その自己組織化単分子膜を与える（図 7.17）[35]．厳密な窒素雰囲気下での浸漬による自己組織化単分子膜の形成においては，図 7.17 に示す全てのフラーレンチオール誘導体は金電極上に分子集合し，単分子膜を形成する．一方，空気下での自己組織化膜形成では，分子が凝集した多層膜を与える．これは，空気中の酸素によりチオール部位が酸化され，ジスルフィドの形成による二量体の生成（図 7.17）が起こるためである．この二量体は有機溶媒に対する溶解度が低く，また，フラーレンどうしの相互作用がキレート効果により増大してしまい，凝集体になる．また，ジスルフィド部位は，5枚のアリール基によって取り囲まれ，その立体保護効果により，ジスルフィド部分は，金電極と反応しない．このような凝集体の形成は，アリールスペーサーを短くし，アルキルリンカーを長くすることで回避されることが明らかになっている．ペンタフェニルフラーレンのヘキシルチオール誘導体（図 7.17 下段右）においては，ジスルフィド部位が外に露出することができ，空気中においても，自己組織化単分子膜を与える．このようなフラーレンのチオール誘導体による金表面の修飾は，金ナノ粒子の表面修飾に応用されることが期待される．長鎖アルキル基をもつアルカンチオールで修飾された金ナノ粒子は，アルキル基が絶縁体となり，良い導電性を得にくい[36,37]．π電子共役系であるフラーレンで表面保護されたナノ粒子は，電気的に優れた材料になることが期待される．

第7章　フラーレン誘導体の分子集合と有機薄膜太陽電池

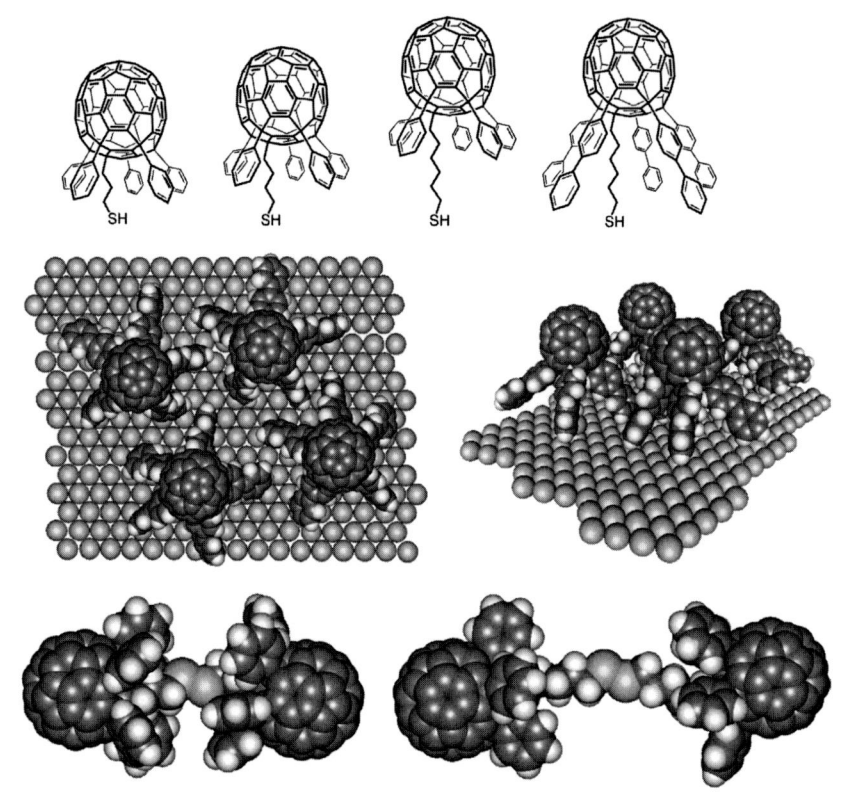

図7.17　ペンタアリールフラーレンチオールとその自己組織化単分子膜，および，ジスルフィド形成された二量体

7.3.6　フラーレン誘導体の熱結晶化による分子配列

　固体中，特に，結晶中における分子集合と分子配列の制御は，結晶性有機薄膜デバイスの構築のための必須技術である．有機EL素子，有機薄膜太陽電池，有機薄膜トランジスタのうち，電圧を印加するため有機半導体分子にあまり高い移動度が要求されない有機EL素子においては，均質な膜で欠陥が少ないアモルファス性の薄膜デバイスが高い耐久性を与えて良いとされてきた．しかし，有機薄膜太陽電池においては，結晶性薄膜の適用による有機半導体固体中の電荷移動度の向上は，電池内部の抵抗の低減につながり，望ましいという考え方がある．有機薄膜トランジスタは，高い移動度が要求される度合いが最も大きく，結晶性でかつ結晶粒径が大きい薄膜ほど高い性能が得られる傾向があることが知られている．

　結晶性有機薄膜をつくるとき，基板上で溶媒から再結晶するのは現実的に困難である．固体から固体への結晶化，すなわち，アモルファス薄膜から結晶性薄膜への熱結晶化が，有機薄膜内における分子集合の手段として有効であると考えられる．2本のシリルメチル基を1,4-位の関係で有するビス（シリルメチル）[60]フラーレン $C_{60}(CH_2SiMe_2R^1)(CH_2SiMe_2R^2)$　(R^1，R^2 = 様々な有機基；**si**lyl**me**thyl**f**ullerene から，英語で発音できるように母音を含めて頭文字をと

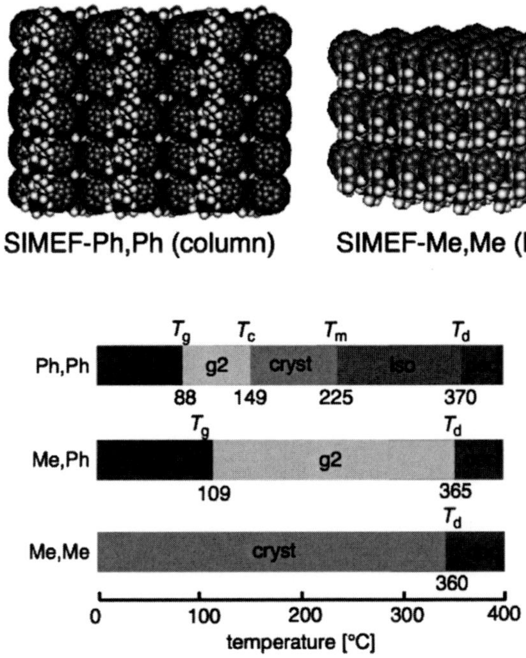

図 7.18 SIMEF 誘導体の結晶構造と熱物性

り，SIMEF（サイメフ）と命名）において（図 7.1 および図 7.21 に分子構造）[11, 38]，容易なケイ素–炭素結合の形成を利用してケイ素上の置換基 R^1 および R^2 を簡便に取り替えることにより，結晶充填構造や，熱結晶化特性の制御を行うことができる．例えば，R^1 および R^2 がフェニル基である場合，フラーレンがカラム状に充填された結晶が得られる（図 7.18）．また，R^1 および R^2 がメチル基である場合には，フラーレンが層状に充填される．熱物性も置換基を変えることにより変化する．対称な形をもつ R^1, R^2 = Ph, Ph の誘導体は，スピンコートで塗布した直後はアモルファス状であるが，149℃に加熱すると結晶化し，フラーレン部位がカラム状に集合する．この化合物は，225℃に融解点をもつ．非対称な R^1, R^2 = Me, Ph の誘導体は，アモルファスな化合物であり，結晶性固体にならない．そして，R^1, R^2 = Me, Me の誘導体は，コンパクトな形により結晶性が非常に高く結晶性固体しか与えない．このような分子の対称・非対称性の選択や置換基の交換によるモルフォロジ制御は，有機薄膜太陽電池の特性向上のための有効な手段になると考えられる．

7.4 フラーレン誘導体の分子配列を組み込んだ有機薄膜太陽電池

7.4.1 有機薄膜太陽電池向けフラーレン誘導体開発の歴史

有機薄膜太陽電池は，近年，地球規模の環境・エネルギー問題への関心が高まるにつれ，そ

第7章　フラーレン誘導体の分子集合と有機薄膜太陽電池

の価格面や環境負荷についての優位性がますます注目され，活発に研究が行われるようになってきた．フラーレン誘導体は，有機薄膜太陽電池に用いる有機電子受容体として用いられる．有機薄膜太陽電池の研究において，望みの電子物性，光機能，熱物性や集積構造をもつフラーレン誘導体の自在な合成が，高効率化に対するひとつの鍵を握っている．

1986年，イーストマン・コダック社の C. W. Tang により，ヘテロ接合（p-n 接合；図7.19）型の有機薄膜太陽電池が報告されたとき[5]，フラーレンはまだ手に取れるものではなかった．有機電子供与体と有機電子供与体として，銅フタロシアニン，ペリレンジイミド誘導体である PTCBI（3,4,9,10-perylenetetracarboxylic bis-benzimidazole）（図7.20）が，それぞれ用いられた．

フラーレンの合成が可能になった翌年の 1992年，N. S. Sariciftci らは，電子供与性の導電性ポリマーである MEH-PPV（2-メトキシ-5-(2-エチルヘキシロキシ) ポリフェニレンビニレン；図7.20）からフラーレン（C_{60}）への超高速電荷分離（当時の検出限界である 60 ns 以下）を明らかにして，フラーレンが優れた電子受容体であることを示した[39]．導電性高分子からフラーレン誘導体への電荷分離の速度は，測定装置の進歩を経た 2001年に，45 fs 程度であることが報告されている[40]．

しかし，フラーレンそのものは，有機溶媒に対する溶解度が悪く，電子供与体であるポリ

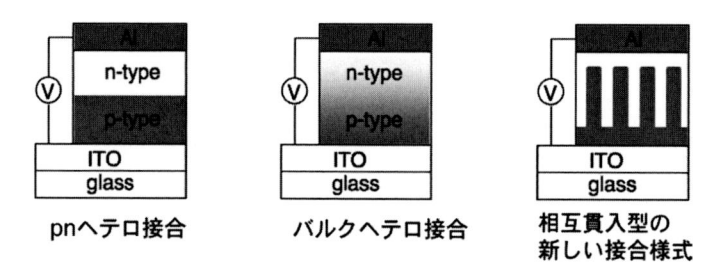

図 7.19　有機薄膜太陽電池の構造

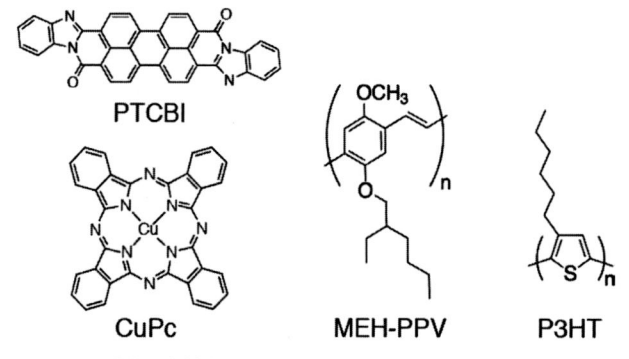

図 7.20　有機薄膜太陽電池に用いられる種々の材料

マーに対し，フラーレンを高濃度で溶かすことができなかった．1995年，A. J. Heegerらの報告により，ブレイクスルーが訪れた[6]．溶解性フラーレン誘導体の登場と，導電性高分子とフラーレン誘導体を混ぜ合わせた電荷分離層を形成するバルクヘテロ接合（図7.19）の利用である．J. C. Hummelen, F. Wudlらが開発したPCBM（図7.1）[12]をC_{60}の代わりに用いると，MEH-PPV：PCBM＝20％：80％のブレンド溶液の調製が可能になり，これにより電子供与体と電子受容体の比を最適化することができるようになった．また，電子供与体と電子受容体を混合したバルクヘテロ接合層を利用することにより，ヘテロ接合層に比べ広い電荷分離界面（電子供与体／電子受容体の界面）の面積をとること，数十nmレベルで相分離した混合層となることで励起子を効率良く電荷分離界面に到達させることが可能になった．励起子とは励起状態にある有機分子と考えてよく，有機固体中，励起状態が伝播できる距離（励起子の拡散長）は十数nmであることが知られている．このようにして，エネルギー変換効率1.5％の有機薄膜太陽電池が実現された．その後2004年から2005年にかけて，電子供与体の最適化が行われ，ポリチオフェンを電子供与体として用いて，エネルギー変換効率4～5％が達成された[7-10]．長らくPCBMを超えるフラーレン誘導体はなかなか登場しなかったが，ごく最近，PCBMの特性を上回るフラーレン誘導体も知られるようになってきた．また，最近，理想的な電子供与体・電子受容体接合の様式として，両者の材料が相互に貫入した構造（図7.19）が提案され，分子集合による構築が検討されている．

7.4.2　新規フラーレン誘導体SIMEFを用いた有機薄膜太陽電池

筆者らは，PCBMを超える性能をもつフラーレン誘導体を設計・合成することにとりかかり，電子的特性，分子組織体の集積構造，熱特性，溶解性等を考慮し，SIMEFを設計した（図7.21）[11,38]．特にSIMEFとだけ記すときは，電子受容体の標準材料として用いているビスフェ

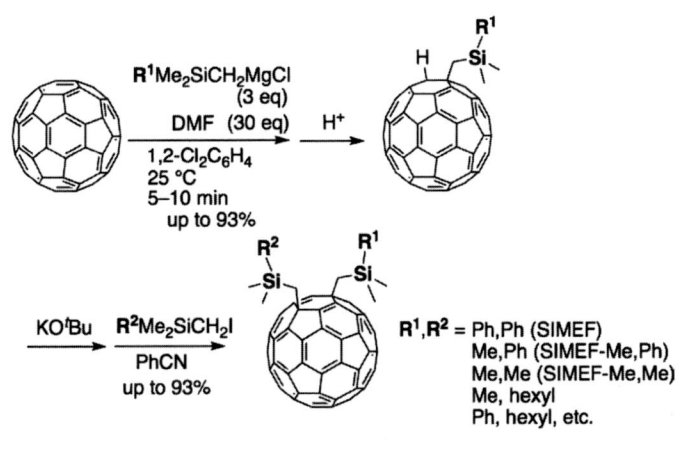

図7.21　SIMEFの合成

ニル体 $C_{60}(CH_2SiMe_2Ph)_2$ をさす．前述したように，この化合物はケイ素原子上の置換基の交換による多様性をもち，電子的特性，分子組織体の集積構造，熱特性，溶解性の設計が可能である．

SIMEFは，フラーレンに対する求核付加反応と，生成したフラーレンアニオンと求電子試薬であるハロゲン化アルキルの求核置換反応により合成される（図7.21）[38]．鍵となるフラーレンに対する有機金属試薬の付加反応は，一見，単純にみえるが，実はそうではない．RC_{60}^- と系中に存在する原料の C_{60} の間で電子移動が起こるからである．筆者らは，高効率なモノ付加反応を探索し，シリルメチルアニオンがフラーレンへの求核付加反応において優れた炭素求核種となること，ジメチルホルムアミド（DMF）の添加がこの求核付加反応を著しく加速することを見出し，高収率でモノ付加体を得る反応を開発した[38]．DMFがグリニャール試薬のマグネシウム原子に配位し，グリニャール試薬の反応性を向上させるとともに，生成物であるモノアルキルフラーレンアニオンのマグネシウム錯体のマグネシウム原子に配位し，生成物の安定性を高めていると考えている．

1,4-型の58π電子系を有するSIMEFは，1,2-型の58π電子共役系をもつPCBMに比べ，LUMO準位が浅くなり，高い開放電圧を与える（図7.22）．また，ケイ素原子上の置換基を最適化したSIMEFにおいて，結晶中，フラーレン部位がまっすぐカラム状に並ぶ（図7.18）．これはフラーレン部位とシリルメチル基側鎖の相分離とみてとれ，フラーレン部位がハニカム状の歪んだ六角格子を形作り，シリルメチル基が六角形の隙間に入る．また，SIMEFは結晶化温度をもち，150℃で熱結晶化する．そのような特性から，SIMEFは，n型有機半導体としては，比較的高い移動度，8×10^{-3} cm^2/Vs（SCLC；空間電荷制限電流）を示す．

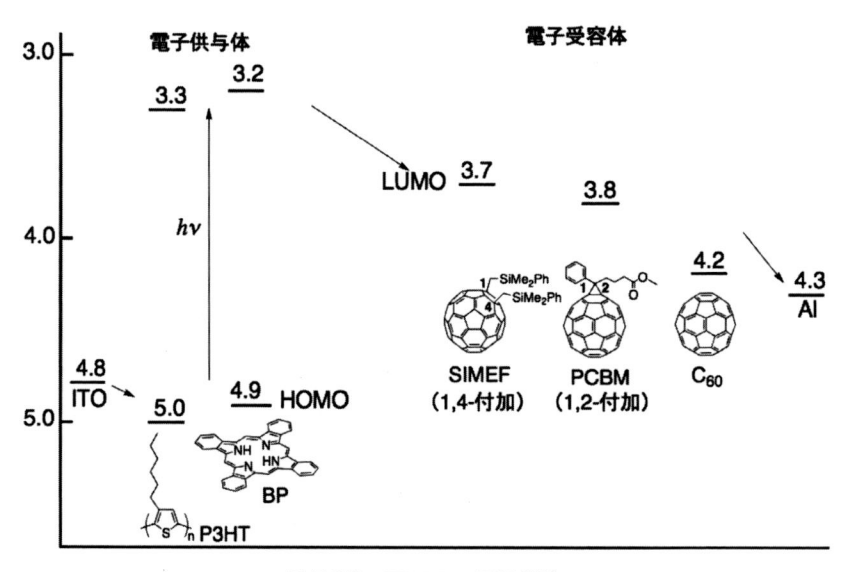

図7.22 SIMEFの電子構造

7.4 フラーレン誘導体の分子配列を組み込んだ有機薄膜太陽電池

　電子受容体としてSIMEF，電子供与体として導電性高分子よりも安定な材料であるテトラベンゾポルフィリン（BP，図7.23）[41, 42]を用い，溶液塗布プロセスが可能で，p-i-n型三層の素子構造をもつ有機薄膜太陽電池を開発した．素子作成の手順は以下の通りである（図7.24）．ガラス/ITO/PEDOT:PSS基板上に（Ⅰ），テトラベンゾポルフィリンの可溶性前駆体（CP，図7.23）の溶液を塗布し（Ⅱ），180℃でCPを熱転換してBP膜のp層を形成する（Ⅲ）．続いて，CPとSIMEFの混合物を溶液塗布し（Ⅳ），180℃に加熱しBPとSIMEFからなるi層を形成する（Ⅴ）．最後にSIMEFを溶液塗布し，65℃から180℃にアニールすることによりn層を形成し（Ⅵ），p-i-n型三層構造をもつ有機薄膜太陽電池を作成する（Ⅶ）．

　i層の中の構造について，SIMEFをトルエンで洗い流して得られる構造（Ⅷ）のSEM観察を行うことにより調べた．全体の約60％の領域において，BPは高さ約65 nm，幅約25 nmの柱状結晶を形成し，それがp層のBPから立ち上がるcolumn/canyon構造（図7.25）を形作ることを明らかにした．180℃におけるi層の熱処理において，150℃でSIMEFがBPより先に結晶化することが，この構造の形成を誘起していると考えている．通常の有機半導体の励起子拡散長は10から15 nmであり，励起子が電子供与体・電子受容体界面に到達して電子と正孔が生成するので，ここでみられる幅約25 nmの柱状結晶をもつcolumn/canyon構造は，光

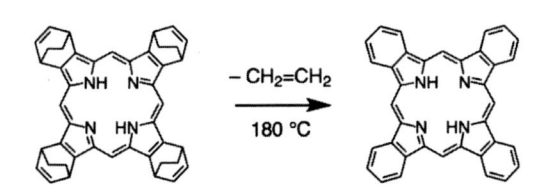

図 7.23　用いたテトラベンゾポルフィリンとその可溶化誘導体

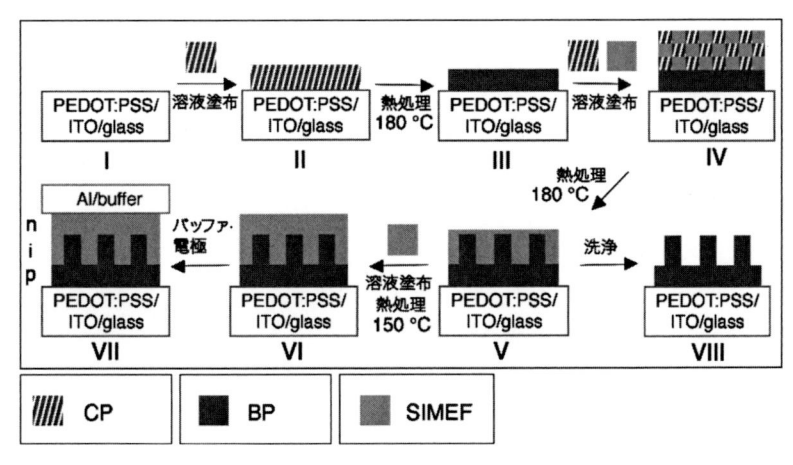

図 7.24　溶液塗布-熱転換型有機薄膜太陽電池の形成プロセス

第7章　フラーレン誘導体の分子集合と有機薄膜太陽電池

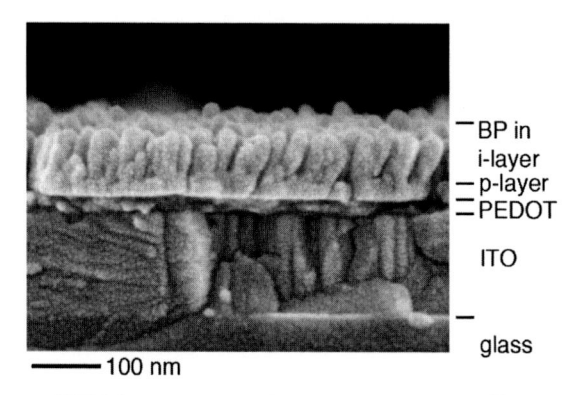

図7.25　テトラベンゾポルフィリンのカラム構造

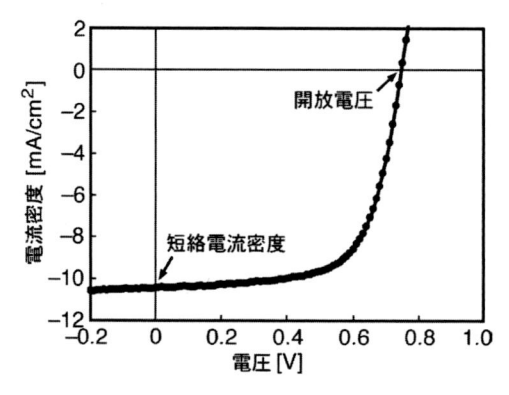

図7.26　電流密度-電圧特性

の吸収と電荷の生成に最適な構造であると考えることができる．

　n層を65℃でアニールした，glass/ITO/PEDOT：PSS/BP/BP：SIMEF/SIMEF素子は，4.1％のエネルギー変換効率を示した（開放電圧 $V_{OC}=0.76$ V；短絡電流密度 $J_{SC}=9.1$ mA/cm^2；フィルファクターFF＝0.59）．n層を180℃でアニールすると，エネルギー変換効率が，4.5％（$V_{OC}=0.76$ V；$J_{SC}=9.7$ mA/cm^2；FF＝0.62）に達した．ここにおける J_{SC} の向上には，SIMEFの熱結晶化が関係していると考えている．SIMEFをPCBMに置き換えた対照素子は2.0％（$V_{OC}=0.55$ V；$J_{SC}=7.0$ mA/cm^2；FF＝0.51）の変換効率しか示さず，また，SIMEFがPCBMより高い開放電圧を与える傾向は確実にみられた．さらに，バッファ材料をバソクプロイン（BCP）から同種のフェナントロリン誘導体であるNBphenに変えるなど素子の最適化を行うことにより，エネルギー変換効率が5.2％（$V_{OC}=0.75$ V；$J_{SC}=10.5$ mA/cm^2；FF＝0.65）に達する素子の構築に成功した．その時の電圧-電流密度カーブを図7.26に示す．フラーレン，ポルフィリンともに安定な材料であり，有機太陽電池でしばしば問題にされる寿命の問題に対し，有利である．さらに効率を高めるためには，化学的アプローチによる分子組織体の

配向・配列制御，電荷移動度の向上，長波長光吸収が鍵を握るであろう．

7.5 おわりに

　有機電子デバイス，有機半導体材料の開発において，用いる有機分子の光電気化学的性質や光物性そのものが重要であるだけでなく，効率良い電荷輸送のために，分子が形作る超分子集合体構造の制御も同等に重要である．優れたn型半導体材料であるフラーレンの分子集合を固体中で，有機薄膜中で，あるいは電極界面で，1次元に，2次元に，3次元に制御することは，様々な優れた特性をもつ電子デバイスの開発につながると考えられる．特に，今世紀の最重要課題のひとつである地球環境・資源エネルギー問題の解決に向けた有機薄膜太陽電池の開発において，フラーレン誘導体の分子集合が，その高効率化に寄与しうると期待される．

謝辞
　本章で取りあげて紹介した研究の具体例について，大部分は㈶科学技術振興機構 ERATO 中村活性炭素クラスタープロジェクトにおいて行われたものです．中村栄一研究総括の持続的なご支援に深謝いたします．また，デバイスに関係する研究は，プロジェクトの佐藤佳晴グループリーダーとの密接な共同研究によるものです．論文記載の共同研究者および兼子隆雄技術参事にも篤く感謝申し上げます．また，一部は三菱化学㈱のご支援で東京大学大学院理学系研究科に設置された社会連携講座（光電変換化学講座）において行われたものです．三菱化学㈱の多大なサポート・ご理解に感謝申し上げます．

〈参考文献〉
1) H. W. Kroto, J. R. Heath, S. C. O' Brien, R. F. Curl, R. E. Smalley, *Nature*, **318**, 162 (1985)
2) 松尾　豊，中村栄一，有機合成化学協会誌，65 巻，pp.44-53 (2007)
3) エレクトロニクス用カーボン技術大全集，技術情報協会，pp.151-162 (2004)
4) ナノカーボンハンドブック，エヌ・ティー・エス，pp.627-632 (2007)
5) C. W. Tang, *Appl. Phys. Lett.*, **48**, p.183 (1986)
6) G. Yu, J. Gao, J. C. Hummelen, F. Wudl, A. J. Heeger, *Science*, **270**, 1789 (1995)
7) F. Padinger, F. R. S. Rittberger, N. S. Sariciftci, *Adv. Funct. Mater.*, **13**, 85 (2003)
8) G. Li, V. Shrotriya, J. Huang, Y. Yao, T. Moriarty, K. Emery, Y. Yang, *Nat. Mater.*, **4**, 864 (2005)
9) M. Reyes-Reyes, K. Kim, D. L. Carroll, *Appl. Phys. Lett.*, **87**, 83506 (2005)
10) Y. Kim, S. Cook, S. M. Tuladhar, S. A. Choulis, J. Nelson, J. R. Durrant, D. D. C. Bradley, M. Giles, I. McCulloch, C.-S. Ha, M. Ree, *Nat. Mater.*, **5**, 197 (2006)
11) Y. Matsuo, Y. Sato, T. Niinomi, I. Soga, H. Tanaka, E. Nakamura, *J. Am. Chem. Soc.*, **131**, 16048 (2009)
12) J. C. Hummelen, B. W. Knight, F. LePeq, F. Wudl, J. Yao, C. L. Wilkins, *J. Org. Chem.*, **60**, 532 (1995)

13) W. Kretschmer, L. Lamb, K. Fostiropoulos, D. Huffman, *Nature*, **347**, 354 (1990)
14) A. L. Balch, V. J. Catalano, J. W. Lee, M. M. Olmstead, *J. Am. Chem. Soc.*, **114**, 5455 (1992)
15) M. Sawamura, K. Kawai, Y. Matsuo, K. Kanie, T. Kato, E. Nakamura, *Nature*, **419**, 702 (2002)
16) T. Nakanishi, *Chem. Commun.*, **46**, 3425 (2010)
17) S. Zhou, C. Burger, B. Chu, M. Sawamura, N. Nagahama, M. Toganoh, U. E. Hackler, H. Isobe, E. Nakamura, *Science*, **291**, 1944 (2001)
18) Y. Matsuo, K. Kanaizuka, K. Matsuo, Y.-W. Zhong, T. Nakae, E. Nakamura, *J. Am. Chem. Soc.*, **130**, 5016 (2008)
19) Y. Matsuo, A. Muramatsu, R. Hamasaki, N. Mizoshita, T. Kato, E. Nakamura, *J. Am. Chem. Soc.*, **126**, 432 (2004)
20) Y. Matsuo, K. Morita, E. Nakamura, *Chem. Asian J.*, **8**, 1350 (2008)
21) Y. Matsuo, A. Muramatsu, Y. Kamikawa, T. Kato, E. Nakamura, *J. Am. Chem. Soc.*, **128**, 9586 (2006)
22) T. Chuard, R. Dechenaux, *Helv. Chim. Acta*, **79**, 736 (1996)
23) R. Dechenaux, M. Even, D. Guillon, *Chem. Commun.*, 537 (1998)
24) Y.-W. Zhong, Y. Matsuo, E. Nakamura, *J. Am. Chem. Soc.*, **129**, 3052 (2007)
25) C.-Z. Li, Y. Matsuo, E. Nakamura, *J. Am. Chem. Soc.*, **131**, 17058 (2009)
26) E. Nakamura, K. Tahara, Y. Matsuo, M. Sawamura, *J. Am. Chem. Soc.*, **125**, 2834 (2003)
27) Y. Matsuo, K. Tahara, M. Sawamura, E. Nakamura, *J. Am. Chem. Soc.*, **126**, 8725 (2004)
28) Y. Matsuo, K. Tahara, K. Morita, K. Matsuo, E. Nakamura, *Angew. Chem. Int. Ed.*, **46**, 2844 (2007)
29) X. Zhang, Y. Matsuo, E. Nakamura, *Org. Lett.*, **10**, 4145 (2008)
30) C.-Z. Li, Y. Matsuo, E. Nakamura, *J. Am. Chem. Soc.*, **132**, 15514 (2010)
31) G. Unger, Y. S. Liu, X. B. Zeng, V. Percec, W. D. Cho *Science*, **299**, 1208 (2003)
32) T. Ichikawa, M. Yoshio, A. Hamasaki, T. Mukai, H. Ohno, T. Kato, *J. Am. Chem. Soc.*, **129**, 10662 (2007)
33) M. A. Alam, J. Motoyanagi, Y. Yamamoto, T. Fukushima, J. Kim, K. Kato, M. Takata, A. Saeki, S. Seki, S. Tagawa, T. Aida, *J. Am. Chem. Soc.*, **131**, 17722 (2009)
34) A. Sakamoto, Y. Matsuo, K. Matsuo, E. Nakamura, *Chem. Asian J.*, **4**, 1208 (2009)
35) Y. Matsuo, S. Lacher, A. Sakamoto, K. Matsuo, E. Nakamura, *J. Phys. Chem. C*, **114**, 17741 (2010)
36) M. Kanehara, H. Takahashi, T. Teranishi, *Angew. Chem. Int. Ed.*, **47**, 307 (2008)
37) J. Ohyama, Y. Hitomi, Y. Higuchi, M. Shinagawa, H. Mukai, M. Kodera, K. Teramura, T. Shishido, T. Tanaka, *Chem. Comm.*, 6300 (2008)
38) Y. Matsuo, A. Iwashita, Y. Abe, C.-Z. Li, K. Matsuo, M. Hashiguchi, E. Nakamura, *J. Am. Chem. Soc.*, **130**, 15429 (2008)
39) N. S. Sariciftci, L. Smilowitz, A. J. Heeger, F. Wudl, *Science*, **285**, 1474 (1992)
40) C. J. Brabec, G. Zerza, G. Cerullo, S. De Silvestri, S. Luzzatti, J. C. Hummelen, N. S. Sariciftci, *Chem. Phys. Lett.*, **340**, 232 (2001)
41) S. Ito, T, Murashima, H. Uno, N. Ono, *Chem. Commun.*, 1661 (1998)
42) S. Aramaki, Y. Sakai, N. Ono, *Appl. Phys. Lett.*, **84**, 2085 (2004)

第8章
有機／金属ハイブリッドポリマーの機能と
表示デバイス応用

樋口昌芳　(Masayoshi Higuchi)
㈱物質・材料研究機構　国際ナノアーキテクトニクス研究拠点　独立研究者／グループリーダー

8.1 電子ペーパーの駆動方式

　ブラウン管，液晶，プラズマ，有機ELに続く新しいディスプレイとして，電子ペーパーが注目されている．従来のディスプレイと異なり電源を切っても表示が続くため，将来新聞や雑誌の代わりを果たすと期待されている．すでに台湾 Prime View International (PVI)（2009年6月，米 E-INK社を買収）の電子ペーパーを中心に商品化が進んでおり，特に2009年から2010年にかけてPVIの電子ペーパーを搭載した電子書籍の発売が相次いだ（米 Amazon社 "Kindle2"（図8.1），"Kindle DX"，ソニー "Reader Daily Edition"，Barnes&Noble社 "nook"，Spring Design社 "Alex"）．電力の消費量が液晶に比べ極端に少なく，省エネと省資源（紙媒体の代替品）への寄与が高い．

　理想の電子ペーパーは，まさに「紙」と同様の軽さやフレキシビリティーを有するディスプレイと言えるが，それは未だ実現されておらず，下記のように様々な表示方式の研究が行われている[1,2]．

　① 電気泳動方式（マイクロカプセル型（Kindle等）など）
　② 液晶方式（コレステリック液晶型（FLEPia（後述））など）
　③ 粉体移動方式（電子粉流体型など）
　④ 粒子回転方式（ツイストボール型など）
　⑤ 粒子移動方式（磁気感熱粒子移動型など）
　⑥ サーモリライタブル方式（ロイコ染料型）
　⑦ 化学反応方式（電解析出型，エレクトロクロミック型）

駆動方式としては電場駆動（①～⑤），熱駆動（⑥），電流駆動（⑦）に大別される．電場駆

第8章　有機／金属ハイブリッドポリマーの機能と表示デバイス応用

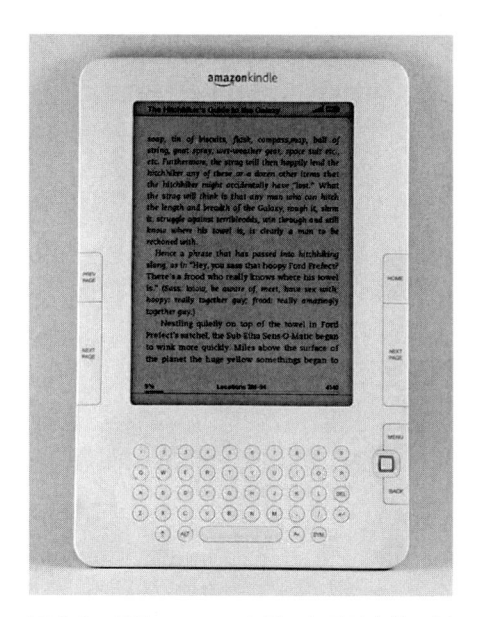

図 8.1　電子ペーパーを用いた電子書籍の例
（Amazon 社 "Kindle2"，photo by Jon 'ShakataGaNai' Davis）

動とは，液晶ディスプレイと類似しており，電荷を持った粒子などを2枚の電極間に挟み，電圧を印加することで物質の移動や配列化を促し表示を変える．例えば，商品化が進んでいるマイクロカプセル型の場合，図8.2(a)に示すようにマイクロカプセルの中に帯電した黒と白の粒子が入っており，電圧を印加することでプラス側の電極にはマイナス電荷を有する黒粒子が近づき，反対にマイナス側の電極にはプラス電荷を帯びた白粒子が近づく．電極上で＋と－の部分を任意に制御することで，読書に十分な解像度での黒白表示を達成している．一方，電流駆動は，電極間に挟まれた物質の電気化学的酸化還元（物質変化）によって，表示色を変える．例えば，エレクトロクロミック型の場合，表示をつかさどるエレクトロクロミック層は2枚の電極のうち片側のみ（通常，透明電極側）に塗られている（図8.2(b)）．酸化によって色を変えるエレクトロクロミック材料を用いた場合，その物質が塗られた電極にプラス電位を印加することでエレクトロクロミック材料は酸化され色が変わる．その状態から逆にマイナス電位を印加することで，酸化されていたエレクトロクロミック材料は還元され元の色に戻る．また，電極間には，エレクトロクロミック材料の酸化還元（電子の出し入れ）に伴うイオン移動を補償するために，電解質層が必要となる．

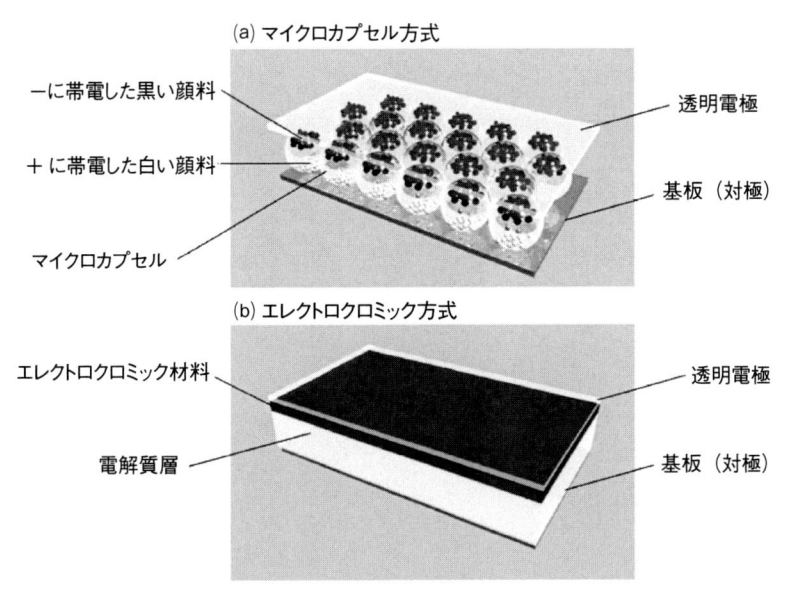

図 8.2 (a)電気泳動方式（マイクロカプセル型）と(b)化学反応方式（エレクトロクロミック型）の電子ペーパーの仕組み

8.2 電子ペーパーの課題

　2010年に日本でも発売された"iPad"（マッキントッシュ社）のように液晶を搭載した電子書籍に比べ，電子ペーパーを用いた電子書籍は軽量でかつ省電力のためバッテリーの残量をほとんど気にする必要がない（例：Kindleでは1回の充電で最大2週間の駆動）．また，バックライトを用いない目に優しい反射型のディスプレイであるため長時間の読書に向いている．一方で，現在の（マイクロカプセル型の）電子ペーパーがカラー化に対応しにくい点を欠点として挙げて，電子ペーパーの将来を危惧する声もある[3]．そのため現在，電子ペーパーのカラー化が重要な開発テーマになっている．しかしながら，電子ペーパーではバックライトを使用しないので，液晶ディスプレイのように単にカラーフィルタを用いると視認性（明るさ）が著しく低下する．現在，明るさを低下させずにカラーフィルタを用いる方法が検討されている．また，昨年末には富士通フロンテックからカラー電子ペーパーを搭載した世界初の電子書籍（FLEPia）の一般販売が開始されている．この電子ペーパーは富士通が開発したコレステリック液晶を用いたタイプであり，RGBの3つの独立したデバイス層を重ね合わせることでカラー化している．また，2010年5月にはコントラストと書き換え速度の向上に関するプレスリリースもなされており，今後の進展が期待される[4]．

　カラー表示に関しては，化学反応方式，中でもエレクトロクロミック型が注目されている．エレクトロクロミック型では，物質の電気化学的酸化還元による色変化（エレクトロクロミッ

ク）に基づいて表示を行う．任意のエレクトロクロミック物質を選択することで様々な色を表現できるため，マルチカラー化が比較的容易な表示方式であると考えられている．実際，アイルランドのNTERA社はビオロゲンのエレクトロクロミック特性を利用したカラー電子ペーパーの開発に成功している．また，千葉大の小林らは，CMY（シアン（Cyan），マゼンタ（Magenta），イエロー（Yellow））を示すエレクトロクロミック材料（ジアセチルベンゼン，ジフェニルジカルボン酸ジエチルエステル，テレフタル酸ジメチルエステル）を用いてカラー表示デバイスの作製や[5]，塩化ビスマスを用いた黒色表示を達成している[6]．

これまで，電子ペーパーの表示方式としてエレクトロクロミック型はそれほど活発に研究されてこなかった．それはこの方式が，用いるエレクトロクロミック物質の性能によってデバイス性能が決まってしまうという，極端に「材料に依存した」方式である一方で，電子ペーパーとして「使えるエレクトロクロミック物質」の開発が遅れているためである．

8.3 最新のエレクトロクロミック材料

エレクトロクロミック物質をディスプレイ材料として用いようとする研究は古く，すでに30年以上前から始まり，25年前にはそのピークを迎えた．例えば，電気化学会において「エレクトロクロミー研究会」（現：クロモジェニック研究会）が1984年に設立され，当時は液晶ディスプレイと次世代ディスプレイの覇権を争っていた（詳しくは電気化学会誌（*Electrochemistry*）2010年6月号を参照[7]）．

エレクトロクロミック材料としては，酸化モリブデンに代表される無機系物質と，ビオロゲンやπ共役系高分子などの有機系物質に大別される．酸化モリブデンなどは，車の防光ミラーへの実用化が果たされているが，一方で，有機物質を用いた汎用的な実用化例は見当たらない．

現在，有機系エレクトロクロミック材料としてはPEDOT（ポリ（3,4-エチレンジオキシチオフェン））に代表されるポリチオフェン系エレクトロクロミック材料が改良を重ねられ，有機合成や高分子合成の研究グループで広く研究が行われている[8]．例えば，Reynoldsらはポリチオフェン誘導体の主鎖骨格に電子アクセプターとしてベンゾチアジアゾール部位を導入することで，電荷移動吸収を利用した黒色表示を報告している[9]．我々も池田を中心として，ポリロタキサン構造を有する新規なポリチオフェンを合成し，環状の電子アクセプターからポリチオフェン主鎖への電荷移動吸収を利用したエレクトロクロミック挙動を明らかにしている[10]．一方，PEDOT骨格において硫黄をセレンに変えたポリセレノフェンの研究も進んできている[11]．

無機系エレクトロクロミック材料としては，㈱産業技術総合研究所の川本らがプルシアンブルーのナノ粒子を作製し，それを用いたエレクトロクロミック素子の作製に成功している[12,13]．従来，無機系エレクトロクロミック物質は色のバリエーションに乏しかったが，本材料の特徴はナノ粒子を構成する金属イオン種を変えることで様々な色を用意できる点である．

また，最近ゲル電解質を用いたデバイス化も達成している（2010年3月プレスリリース）[14]．

一方近年，配位結合などの非共有結合により高分子集合体を形成させる超分子化学やナノ粒子化学の研究が進んできている．最近 Tieke らはエレクトロクロミック機能を有するポリイミノフルオレンに金属配位部位としてターピリジンを導入することで，錯形成を利用した高分子膜の形成を報告している[15,16]．また，Boom らはパラジウム塩を介した3次元的な錯形成により自己集合膜を作製し，膜中のオスニウムイオンの酸化還元によりエレクトロクロミック特性を報告している[17]．一方，近年のナノサイエンス・ナノテクノロジーの発達により，配位結合や水素結合により自己集合した超分子やナノスケールの新物質の創成や分析が可能となってきている．筆者らは，高分子錯体の中でも，2カ所の配位部位を有する有機配位子と金属イオンの錯形成により高分子鎖を形成させる「有機／金属ハイブリッドポリマー」の研究に注目し（図 8.3(b))，ビス（ターピリジン）類と鉄イオンやルテニウムイオンの錯形成によって得られるハイブリッドポリマーの研究の途中で（図 8.4(b))，それらが優れたエレクトロクロミック特性を有することを発見した[18-24]．

8.4　有機／金属ハイブリッドポリマー

金属イオンと錯形成できる配位部位を導入した有機ポリマーの研究は，「高分子錯体（Macromolecular complexes）」の名前で広く研究されてきた．シトクロム P450 やヘモグロビンなど生体内の金属含有タンパク質は，生命活動に不可欠な役割を果たしており，その生体機能を模倣（mimic）し，人工的に再現させる研究がされてきた．他方，工業化学における有用な不均一触媒開発の観点から，触媒作用のある金属イオンを担持させた有機ポリマーの合成研究が行われている．

金属イオンを有機ポリマーに集積させる従来の方法は2つに大別される（図 8.3，8.4）．これまでの高分子錯体は，主に高分子配位子に多数の金属イオン集積させることで得られてきた（図 8.3(a))．山本らはこの分野において先駆的な研究を行い[25-27]，ビピリジン誘導体のカップリング反応により合成したポリ（ビピリジン）にルテニウム等の金属イオンを集積させた高分子錯体の合成に成功している（図 8.4(a))．高分子配位子に金属イオンを集積させる場合，金属イオンの集積率（配位部位の何パーセントが金属イオンと結合したか）は，個々の配位部位と金属イオンとの錯形成定数（結合定数）だけでなく，ポリマー構造のコンフォメーションやその凝集状態によって大きく左右される．生体内において，高分子であるタンパク質に金属イオンが精密に配置されているのに対して，高分子錯体の場合は金属イオンが配位部位へランダムに結合することは避けられず，金属イオンの位置と個数を精密に制御して導入することは一般的に困難である．生体機能に匹敵する効率的な電子移動や触媒機能を人工的に再現するためには，有機ポリマー中への金属イオンの精密集積の新手法の開発が必要となるが，高分子配位

第8章 有機／金属ハイブリッドポリマーの機能と表示デバイス応用

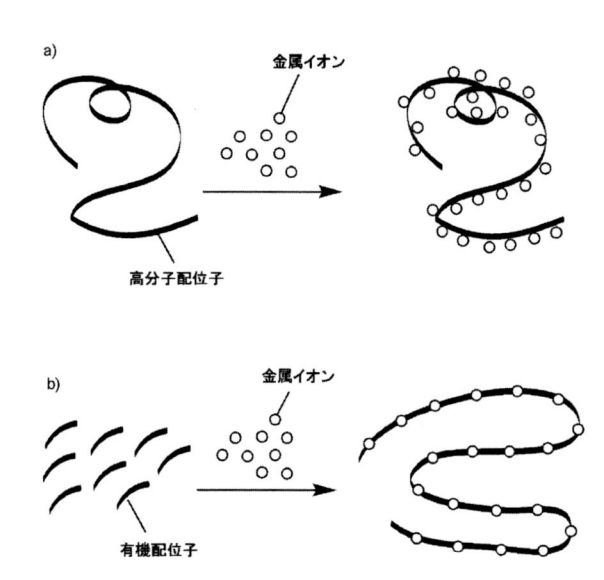

図8.3 (a)有機配位子と金属イオンの錯形成により高分子錯体を合成する方法，(b)配位部位を有する高分子と金属イオンの錯形成により高分子錯体を合成する方法

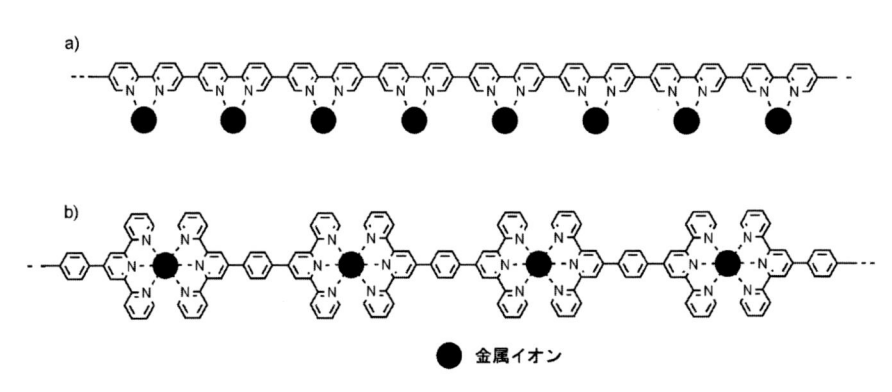

図8.4 (a)ビス(ターピリジン)と金属イオンの錯形成により得られる高分子錯体，(b)ポリ(ビピリジン)と金属イオンの錯形成により得られる高分子錯体

子に精密に金属イオンを集積させた報告例は，デンドリマー状（樹状）の高分子配位子を用いた山元らの例[28-30]を除くとほとんど見当たらない．

一方，2カ所の配位部位を有する有機配位子と金属イオンの錯形成により高分子鎖を形成させる方法（図8.3(b)）では，金属イオンが高分子鎖中に規則的に導入され，金属イオンと有機部分が必ず隣り合うため相互作用が最大となる．また，錯形成定数の大きさは生成する高分子鎖の長さに大きな影響を与え，錯形成定数が大きければ鎖長の長い有機／金属ハイブリッドポ

リマーが得られる．ビス(ターピリジン)類と鉄イオンやルテニウムイオンの錯形成によって得られるハイブリッドポリマー（図8.4(b)）の場合，金属イオンから有機配位子への電荷移動吸収が生じるため，ポリマーは青や赤に呈色する．

8.5 有機／金属ハイブリッドポリマーの特性とデバイス化

錯形成によりポリマー主鎖を形成させるため，有機／金属ハイブリッドポリマーの合成は非常に簡単である．例えば，有機配位子としてビス(ターピリジル)ベンゼンを用い，酢酸鉄（Ⅱ）と酢酸溶液中で混合し，24時間120度で加熱撹拌すると，錯形成に基づいて溶液の色が紫色に変化する．反応後，溶媒を留去することで鉄イオンを含む有機／金属ハイブリッドポリマー（FeL1-MEPE）が定量的に得られる（図8.4(b)）．このポリマーの紫色は，金属イオンからビス(ターピリジル)ベンゼンへの電荷移動吸収（MLCT）による発色であり（吸収波長：580 nm），ポリマーが形成することで初めて生じる色である．得られたハイブリッドポリマーは，金属のカウンターアニオンを多量に含んでいるため，水やメタノールといった極性溶媒に高い溶解性を示す．

ハイブリッドポリマーは主鎖に金属イオンを含むために電気活性である．例えば，FeL1-MEPE の酸化還元電位は 0.77 V vs. Ag/Ag^+ である（図8.5）．これは鉄イオンの+2価と+3価の間の酸化還元に基づくものである．そして興味深いことに，ITO 上に製膜したこのポリマーを電極として用い，電解質を含むアセトニトリル溶液中で 1 V の電圧を印加すると，この青色のフィルムが透明に変化する現象を見出した（エレクトロクロミック変化）（図8.6）．これは，ポリマー中の鉄イオンが電気化学的に+3価に酸化され，電荷移動吸収（580 nm）が消

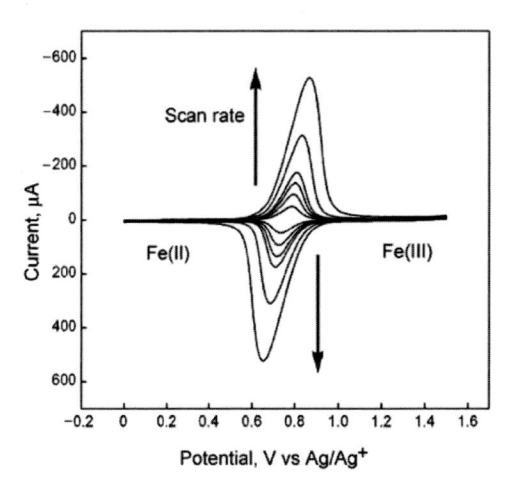

図8.5 鉄を含むポリマー（FeL1-MEPE）のサイクリックボルタモグラム

第8章 有機／金属ハイブリッドポリマーの機能と表示デバイス応用

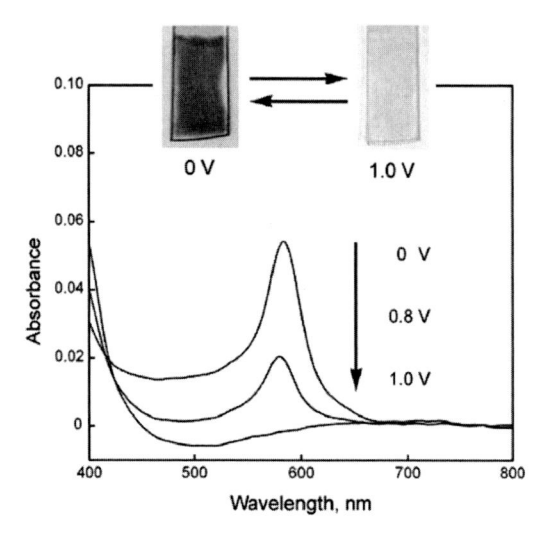

図8.6 電解同時可視吸収スペクトル及び0Vと1.0V
でのFeL1-MEPEの色

失したために生じた変化と考えられる（図8.6）．逆に，この透明フィルムに0Vの還元電圧を印加すると，フィルムは再び元の紫色に戻る．このエレクトロクロミック変化は可逆であり，4,000回程度発色と消色を繰り返しても応答性に変化はない．

このポリマーのエレクトロクロミックの大きな特徴は，発色が金属イオンから有機モジュールへの電荷移動吸収に基づいているため，ポリマー中の金属イオンの酸化還元により発色⇔消色変化を起こすことができる点である．従来の有機エレクトロクロミック物質の場合，酸化還元に伴う物質の構造変化によって色を変えているため，水分や酸素が存在する大気下では劣化が起こりやすい．一方，ハイブリッドポリマーでは有機部位の構造変化がないために，繰り返しの安定性が格段に向上し，従来の有機材料の最大の問題点を克服している．

ハイブリッドポリマーの場合，発色は金属イオンから有機モジュールへの電荷移動吸収に基づいているため，金属イオンと有機モジュール間のポテンシャルギャップの大きさによって色が決まる．そのため，金属イオンを変えたり有機モジュールに電気供与基や吸引基を導入することで，電荷移動吸収のバンドギャップを制御し様々な色を有するハイブリッドポリマーを合成することができる（図8.7）．

また，錯形成によってポリマー鎖を形成されるために，1つのポリマー鎖に2種類以上の金属イオン種を導入することも可能である．このようなポリマーフィルムでは，印加電圧を変えることにより，金属イオンの酸化還元電位の違いを利用して，3種類以上の色を表示することができる．このようなポリマーを用いれば，電子ペーパーの簡素化・薄膜化が実現できると期待される．

ハイブリッドポリマーの分子量は溶媒によって変化するが，FeL1-MEPEの場合，水中で数

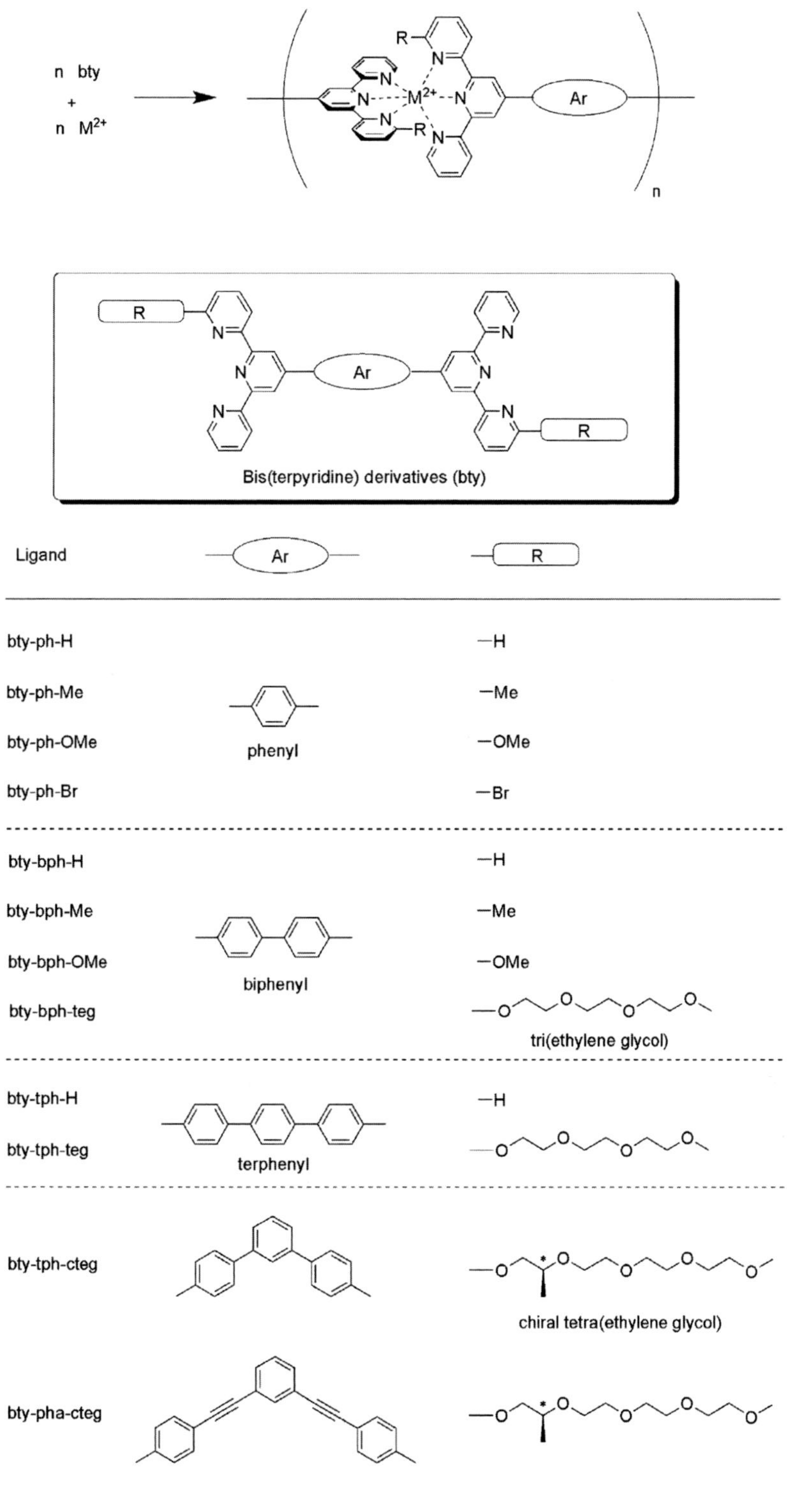

8.5 有機／金属ハイブリッドポリマーの特性とデバイス化

Ligand	Ar	R
bty-ph-H		—H
bty-ph-Me	phenyl	—Me
bty-ph-OMe	phenyl	—OMe
bty-ph-Br		—Br
bty-bph-H		—H
bty-bph-Me	biphenyl	—Me
bty-bph-OMe	biphenyl	—OMe
bty-bph-teg		tri(ethylene glycol)
bty-tph-H	terphenyl	—H
bty-tph-teg	terphenyl	tri(ethylene glycol)
bty-tph-cteg		chiral tetra(ethylene glycol)
bty-pha-cteg		chiral tetra(ethylene glycol)

図 8.7　様々な有機配位子を用いた有機／金属ハイブリッドポリマーの合成

第8章　有機／金属ハイブリッドポリマーの機能と表示デバイス応用

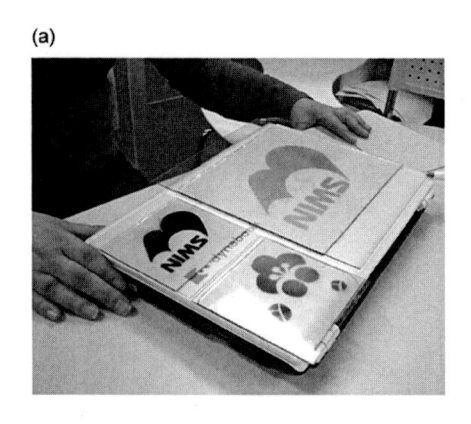

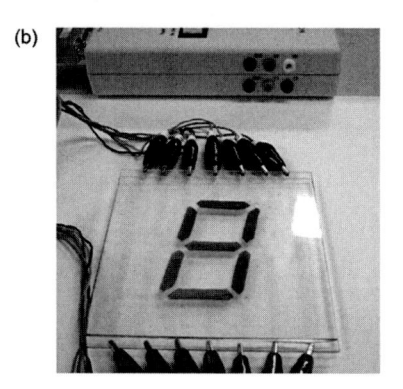

図8.8　有機／金属ハイブリッドポリマーを用いた(a) 10インチまでの表示デバイスと(b)デジタル表示

十万と非常に大きい．我々は，有機溶媒に溶解するゲル電解質を用いることで，エレクトロクロミック固体デバイスの作製に成功した．これまでに10インチサイズのデバイスや，5段階で表示パターンが変わるデバイス，デジタルディスプレイの作製に成功している（図8.8）．

8.6　まとめと将来展望

　シュタウディンガーによって提唱され，証明された有機ポリマーは，これまで，プラスチック，ゴム，繊維などの言葉で表現され，工業化学の発展を支え，日々の暮らしを快適にしてきた．一方で，近年のナノサイエンス・ナノテクノロジーの急速な発達は，化学や高分子科学における研究の範囲を大きく拡大させている．その一つの例が，今回紹介した有機／金属ハイブリッドポリマーである．配位結合で連結したその構造は，共有結合からなる従来の有機ポリマーと大きく異なる物性を生みだす可能性がある．例えば，今回紹介したエレクトロクロミック特性を有する有機／金属ハイブリッドポリマーは，従来の有機エレクトロクロミック物質の

問題点であった繰り返し駆動における安定性や色調制御を克服する新物質として期待される．かつて液晶ディスプレイとの競争に敗れたエレクトロクロミック材料が，今回紹介したような新たな展開によりカラー電子ペーパーや，スマートウィンドウ（調光ガラス）などの材料として再び注目を集めている．有機／金属ハイブリッドポリマーの場合，有機配位子と金属イオンの様々な組み合わせにより多様なポリマーの設計・開発が可能であり，近い将来，ポリマーケミストリーの重要な一分野になっていくと期待される．

一方，電子ペーパーに関しては，カラー化にどの駆動方式が優れているのか，またカラー化されることで電子ペーパーの需要がどれぐらい増えるのかは現在まだはっきりとしていない．しかし，Project Far East 社長（元 E-INK 副社長）桑田良輔氏は「日本は世界の電子ペーパービジネスから取り残されつつある」と警鐘を鳴らしている[31]．iPad の例を出すまでもなく，急速なグローバリゼーションの中では，スピーディーかつ魅力的な商品及びコンテンツ開発がますます重要になってきている．電子ペーパーにおいても，実用化する上で，単に要素技術が優れているだけでは不十分であり，企業間のコラボレーションや買収を基本にした戦略性が求められている．今回紹介しきれなかったが，日本には優れた最先端表示技術が数多くあり，それらの技術が5年後，10年後，電子ペーパーの世界標準として花開くことを切望している．

〈参考文献〉

1) 「電子ペーパー実用化最前線」，エヌ・ティー・エス（2005）
2) 「2009 電子ペーパー技術大全」，Electronic Journal 別冊（2008）
3) 小谷卓也，日経エレクトロニクス6月号，71（2010）
4) http://pr.fujitsu.com/jp/news/2010/05/7.html
5) N. Kobayashi, S. Miura, M. Nishimura, H. Urano, *Sol. Mater. Sol. Cells*, **92**, 136（2008）
6) A. Imamura, M. Kimura, T. Kon, S. Sunohara, N. Kobayashi, *Sol. Mater. Sol. Cells*, **93**, 2079（2009）
7) 吉村和記，馬場宣良，*Electrochemistry*, **78**, 556（2010）
8) P. M. Beaujuge, J. R. Reynolds, *Chem. Rev.*, **110**, 268（2010）
9) P. M. Beaujuge, S. Ellinger, J. R. Reynolds, *Nat. Mater.*, **7**, 795（2008）
10) T. Ikeda, M. Higuchi, D. G. Kurth, *J. Am. Chem. Soc.*, **131**, 9158（2009）
11) A. Patra, M. Bendikov, *J. Mater. Chem.*, **20**, 422（2010）
12) A. Omura, H. Tanaka, M. Kurihara, M. Sakamoto, T. Kawamoto, *Phys. Chem. Chem. Phys.*, **11**, 10500（2009）
13) H. Shinozaki, T. Kawamoto, H. Tanaka, S. Hara, M. Tokumoto, A. Gotoh, T. Satoh, M. Ishizaki, M. Kurihara, M. Sakamoto, *Jpn. J. Appl. Phys.*, **47**, 1242（2008）
14) http://www.aist.go.jp/aist_j/press_release/pr2010/pr20100326/pr20100326.html
15) A. Maier, R. Rabindranath, B. Tieke, *Adv. Mater.*, **21**, 959（2009）
16) A. Maier, R. Rabindranath, B. Tieke, *Chem. Mater.*, **21**, 3668（2009）
17) L. Motiei, M. Lahav. D. Freeman, M. E. van der Boom, *J. Am. Chem. Soc.*, **131**, 3468（2009）

18) U. Kolb, K. Buscher, C. A. Helm, A. Lindner, A. F. Thunemann, M. Menzel, M. Higuchi, D. G. Kurth, *Proc. Natl. Acad. Sci. USA*, **103**, 10202 (2006)
19) M. Higuchi, D. G. Kurth, *Chem. Rec.*, **7**, 203 (2007)
20) F. Han, M. Higuchi, D. G. Kurth, *Adv. Mater.*, **19**, 3928 (2007)
21) F. S. Han, M. Higuchi, D. G. Kurth, *J. Am. Chem. Soc.*, **130**, 2073 (2008)
22) M. Higuchi, 高分子論文集, **65**, 399 (2008)
23) M. Higuchi, Y. Akasaka, T. Ikeda, A. Hayashi, D. G. Kurth, J., *Inorg. Organomet. Polym. Mater.*, **19**, 74 (2009)
24) M. Higuchi, *Polym. J.*, **41**, 511 (2009)
25) T. Yamamoto, K. Sugiyama, T. Kushida, T. Inoue, T. Kanbara, *J. Am. Chem. Soc.* **118**, 3930 (1996)
26) T. Yamamoto, Z. H. Zhou, T. Kanbara, M. Shimura, K. Kizu, T. Maruyama, Y. Nakamura, T. Fukuda, B. L. Lee, N. Ooba, S. Tomaru, T. Kurihara, T. Kaino, K. Kubota, S. Sasaki, *J. Am. Chem. Soc.*, **118**, 10389 (1996)
27) T. Yamamoto, D. Komarudin, M. Arai, B. L. Lee, H. Suganuma, N. Asakawa, Y. Inoue, K. Kubota, S. Sasaki, T. Fukuda, H. Matsuda, *J. Am. Chem. Soc.*, **120**, 2047 (1998)
28) M. Higuchi, S. Shiki, K. Ariga, K. Yamamoto, *J. Am. Chem. Soc.*, **123**, 4414 (2001)
29) K. Yamamoto, M. Higuchi, S. Shiki, M. Tsuruta, H. Chiba, *Nature*, **415**, 509 (2002)
30) M. Higuchi, M. Tsuruta, H. Chiba, S. Shiki, K. Yamamoto, *J. Am. Chem. Soc.*, **125**, 9988 (2003)
31) 樋口昌芳, 化学と工業, **62** (9), 1013 (2009)

第9章
表面における金属錯体の分子集合とその展開

吉本惣一郎　(Soichiro Yoshimoto)
熊本大学　大学院先導機構　特任助教

9.1　はじめに

　化学分野におけるボトムアップに基づいた研究のベースはいわゆる超分子化学に代表されるが，分子間の弱い相互作用や金属配位結合といった相互作用を巧みに利用してある種の構造体を形成させて所望の機能や物性の発現を見出す研究であるといえる．最近では，それらの機能を集積するボトムアップテクノロジーに立脚した分子デバイスへの取り組みや機能制御などの研究が盛んに行われている．チオールやジスルフィドを用いた自己組織化膜をはじめとする単分子膜の構築やその特性の評価に関する研究は表面科学，電気化学分野ばかりではなく，バイオセンサなど生体分子の固定化，あるいは非特異吸着抑制のプラットフォームとしての材料やデバイス作製への試みが展開されつつある[1,2]．一方，金属錯体として知られているポルフィリンやフタロシアニン化合物は，有機FETやガスセンサー，光デバイスや色素への応用に展開されており，またそのπ共役系を利用したその組織化や分子設計に関する研究が活発に進められている[3,4]．これらの金属錯体分子はまた，古くから酸素還元触媒活性を示すことが知られており[5,6]，電気化学の分野においても新しい触媒界面の創製の観点から重要な分子である．しかし，基板表面における分子の組織化を行うためには分子同士の相互作用ばかりではなく，分子と基板間にはたらく相互作用を分子レベルで理解しながら進める必要がある．個々の分子，あるいは薄膜の構造や物性をナノスケールで解明することは，高機能を発現するような分子設計や個々の分子を表面上へ自在に配置する観点から重要な指針を与える．走査型プローブ顕微鏡，とりわけ走査型トンネル顕微鏡（Scanning Tunneling Microscopy：STM）は原子レベルの分解能を有しており，超高真空中や大気中に限らず，溶液中においても表面構造を観察する手法として広く認知されている[7-14]．特に最近では，ポルフィリン多量体やフタロシアニン誘導体などの大環状分子の同定[15-17]，またDNAの塩基対識別手法[18]として，そのパフォー

表 9.1

	真空系	電気化学系	非導電性溶媒系
主な制御因子	基板温度	電極電位	溶液の濃度・温度
利点	・被覆率の制御が容易 ・極低温から高温まで温度制御が可能	金属イオンの溶出，電析，酸化還元反応の制御が可能	室温，大気下の穏和な条件からの吸着，測定が可能

マンスを発揮している．

　本章では，特に基板表面を利用した表面科学研究に焦点を当てた研究について，筆者の研究を例に挙げ最近の動向とその展開について述べる．

　最新動向に触れる前に，表 9.1 に STM 研究で報告される測定環境とその組織化膜作製とその構造制御法についてまとめた．真空中での測定は STM が開発される前から X 線光電子分光，低速電子線回折やオージェ分光などのいわゆる物理系の解析装置で用いられており，理想空間での測定を可能とする．分子の組織化を制御するのは，表面への吸着量と（基板）温度である．温度を制御することで表面における分子運動を制御する．一方，溶液中での分子膜作製法には 2 つの方法がある．1 つは電気化学環境下で探針の電位制御を含めた電気化学 STM を用いた方法と，n-アルカンなどの非導電性溶媒中に目的の化合物を溶解させ，通常の STM と同様に探針と基板の二極間にバイアス電圧を印加して測定する方法である．両方とも固液界面の探索に用いられる手法であるが，主に金属イオンの電析や基板表面のエッチング反応，また最近では燃料電池触媒の基礎を理解するための一酸化炭素の被毒メカニズム解明の評価を行う電気化学系は基板電極電位の制御が主な制御因子になる一方，二極系は単に溶液中にとけ込んだ目的分子と基板表面との平衡（つまり溶液濃度や温度）によって制御される．溶液系のSTM はその開発と研究背景から電気化学 STM の系を古くから固液界面と呼んでいたが，現在ではむしろ超分子界面の系の意味に使われることが多い．いずれにしても，溶液系では穏和な条件のもとで単分子膜が作製される．

9.2　ポルフィリン・フタロシアニン単分子膜

　ポルフィリンやフタロシアニンの STM 研究は超高真空中での研究が先行しており，1990 年代半ば以降から報告例も飛躍的に増えている．真空系は，Au，Ag，Cu の単結晶基板上に分子を蒸着して単分子膜を作製，温度を下げて分子運動を抑止することで，フタロシアニンやポルフィリン，あるいはその誘導体に至るまで一分子，数分子の集合体から単分子膜まで分子解像が報告されている[19-24]．筆者らは，コバルトイオンが配位した種々のポルフィリンやフタロシアニン分子について，単分子修飾電極上での酸素還元触媒と吸着構造の関係を理解する観点から研究を進めた[25-30]．単分子膜の分子レベル解析を中心に Au(111) 上に形成された単分子

9.2 ポルフィリン・フタロシアニン単分子膜

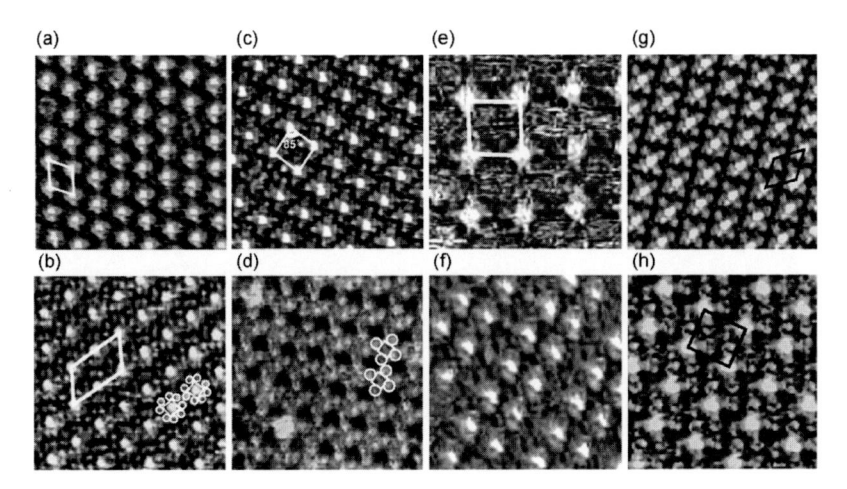

図9.1 種々のコバルトポルフィリンおよびフタロシアニン誘導体のAu(111)面上に形成された単分子膜の高解像STM像．(a)ポルフィン，(b)オクタエチルポルフィリン，(c)テトラフェニルポルフィリン，(d)ピケットフェンスポルフィリン，(e)テトラカルボキシルフェニルポルフィリン，(f)モノカルボキシフェニルトリフェニルポルフィリン，(g)コバルトフタロシアニン，(h)15-クラウン-5-エーテルフタロシアニン．

膜について，一連の分子の電解質溶液の中でのSTMによる分子レベルでの解像を行った．図9.1に示すように，8つの分子について分子分解能を有するSTM像を得た[16]．ポルフィリンの官能基の種類に応じてパッキングアレンジメントが異なっていることが良く分かる．バルキーなフェンス構造を持つピケットフェンスポルフィリンを除き，中心金属のコバルトイオンは明るく観察される．STMは表面の電子状態を観察しているので，中心金属のd電子，特にZ軸方向のd_{z^2}軌道の占有電子数が反映される（コバルトは1電子占有）．ピケットフェンスポルフィリンは，中心のコバルトイオンが周りのフェンスによって囲まれているため，中心のコバルトイオンまでトンネル電流が届かないと考えられる．一部明るく見えているのは，コバルトイオンに配位した酸素の影響を受けているためと考えられる（酸素が還元される電位に保持すると酸素がフェンス内からリリースされて他の分子同様に暗くみえる）．フタロシアニン分子についても同様な分子像が得られた[26]．特に中心金属としてコバルトが配位した15-crown-5-ed CoPcをベンゼン／エタノール（9:1）混合溶媒に溶かして所定時間浸漬したのち，過塩素酸溶液中に導入したときに得られたSTM像を図9.2に示す[29, 30]．4つのクラウンリングが明瞭に観察されるとともに，中心金属イオンのコバルトイオンは明るく観察された．またクラウンエーテルはアルカリ金属，あるいはアルカリ土類金属イオンとホストゲスト反応を示すことが知られているため，これらの金属イオンの溶存下でのカチオン包摂の直接観察は興味深い．これらの規則構造を確認した後，系内に1mMになるようにカルシウムイオンを滴下した．そのあとに得られたSTM像を図9.2(b)に示す．滴下前に比べ，クラウンリングが消失し，2つ

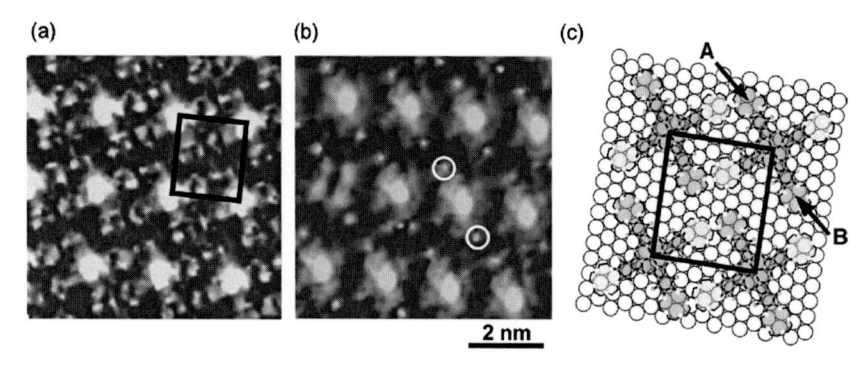

図 9.2 (a) 0.05 M 過塩素酸中で得られた Au(111) 面上に規則正しく配列したクラウンエーテルフタロシアニン分子の高解像 STM 像．(b) カルシウムイオンを投入すると向かい合う 2 カ所のクラウン部位にカルシウムがトラップされる．(c) は (b) のモデル図．

の明るいスポットが現れた．これはクラウンリングにトラップされたカルシウムイオンと考えられる．4 つあるクラウンリングのうち向かい合う 2 つのリングにしかトラップされなかったのは，下地の金原子のくぼみに位置しているリングとそうでないリングがあり，クラウンリングと下地の金原子に相関があることを示唆する結果である．また原子配列の違う Au(100) 面に吸着した場合は，同様な現象は観察されなかった[30]．このような現象は 2 次元界面に特有の現象であり，表面に吸着することによって分子の特性が変わったひとつの例である．

9.3 ポルフィリン誘導体による超分子構造体の形成

水酸基やカルボン酸を有するアルカン誘導体を用いた分子組織化の研究は，1990 年代後半から主にグラファイト（HOPG）基板上で進められていたが，ポルフィリンなどの金属錯体に関する研究は分子合成の問題もあり，ほとんど進んではいなかった．そのような状況下で分子集合に関する表面科学研究でインパクトを与えたのは，横山らによるシアノ基を 1 つ，あるいは 2 つ有するポルフィリン誘導体の超分子構造体の報告[31]である．真空中 77 K 下，シアノ基の *cis*-置換体，*trans*-置換体を用い分子間のその弱い相互作用を利用することで，二量体，三量体，四量体の分子集合体形成を示した．さらに同じグループよりカルボン酸誘導体を用いた例も報告[32]された．基本的には分子間の水素結合がドライビングフォースとなってシアノ基と同様の構造体を形成する．その後，フランスの Grill らによって，臭素を含む同様なポルフィリン誘導体を利用した熱縮合による化学結合を有する分子集合体形成が報告された[33]．ごく最近では，MOFs（metal-organic frameworks）を利用した構造形成も報告され[34, 35]，ポルフィリン骨格をビルディングブロックとした 2 次元の分子集合体の種々の結合様式について一通りラインナップが出そろった．いずれも理想的な超高真空中，Au(111) 基板上で得られた成果

9.3 ポルフィリン誘導体による超分子構造体の形成

である.

一方,溶液中では筆者らのグループを中心に電気化学界面でのカルボン酸誘導体のポルフィリン分子の分子集合について,Au(111)電極上での組織化について報告した.図9.1に示したように,カルボン酸を有するコバルトポルフィリンは電極電位に応じて置換基の数に依存した構造体を形成する[28].ここで重要なのは,構造体の形成は電極電位が水素発生電位に近いネガティブ側に保持したときに形成される点である.分子と基板間の相互作用を電位制御することによって,分子間の組織化を促している.さらに金属無置換体で水溶性の高いトリメチルピリジルポルフィリン(TMPyP)は,ヨウ素修飾金属表面[36],硫酸イオンが吸着したCu(111)表面上[37]で配向することが明らかとなっており,テトラピリジルポルフィリン(TPyP)についても,Borguetらのグループにより電位制御によって高配向な単分子膜の制御が可能であることが報告された[38].さらに筆者らは,ジカルボニルフェニルポルフィリンの酸性溶液中でポルフィリン骨格のプロトン化によってサドル型の骨格の歪みを生じることに着目した.図9.3にAu(111)電極表面,希硫酸中の電位制御下で得られたジカルボニルフェニルポルフィリンのSTM像をCVとともに示した.硫酸イオン(あるいは硫酸水素イオン)は電位によって,Au(111)表面に吸着することが知られているが[39],硫酸イオンと水(あるいはヒドロニウムイオン)との共吸着構造,いわゆる($\sqrt{3}\times\sqrt{7}$)構造が形成される(図中CVに示される領域Ⅰ)と,ポルフィリンカチオンの吸着が生じ,ある種のナノ構造体が形成される.領域ⅡやⅢでは,アグリゲーションを起こすか,あるいはポルフィリンカチオンが表面を動き回っており,高電位側(領域Ⅰ)で硫酸の吸着レイヤーが形成されてはじめてポルフィリンカチオンの構造体が観察されることから,硫酸イオン種の表面への吸着がポルフィリンカチオンとの静電的な相互

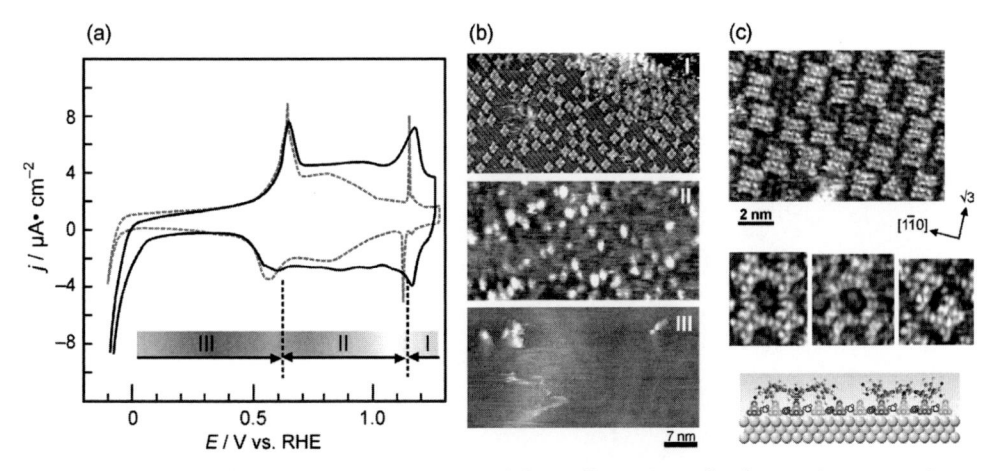

図9.3 (a) 0.05 M硫酸中,ポルフィリンカチオン溶存下で得られたAu(111)のサイクリックボルタモグラム(点線は,0.05 M硫酸のみのときのCV).(b)各電位範囲におけるAu(111)面上でのポルフィリンカチオンの表面状態.(c)硫酸アドレイヤーが形成される領域Ⅰの電位における高解像STM像とそのモデル図.

作用によって形成されることを示す結果である[40]．また，硫酸イオン種の$\sqrt{3}$方向に沿ってポルフィリンカチオンが配列している様子が図9.3(c)のSTM像から判別できる．さらに注意深く観察をすると，カルボン酸同士で水素結合を形成してダイマー，トリマー，テトラマーなどの分子集合体を見ることができる．このように電解質溶液中では，ポルフィリンカチオン間同士の水素結合ばかりではなく，硫酸イオン種とポルフィリンカチオン間の静電的な相互作用によってポルフィリンの配置が決定されることが明らかとなっている．

9.4 ポルフィリン・フタロシアニン混合膜の表面構造制御

フタロシアニンとポルフィリンの混合膜の研究も進んでいる．この分野の研究は触媒，光化学，有機半導体，分子パターニングなど多岐多域に渡るため，表面における異種分子の組織化を理解し，その構造を制御することは新しい物性，機能を発現する基礎知見を得るのに非常に重要である．このたぐいの研究は超高真空中での研究[41,42]が先行していたが，我々は溶液中からの作製に成功し，いくつかのポルフィリンとフタロシアニンの混合膜について知見を得ている．例えば，コバルトフタロシアニン（CoPc）と銅テトラフェニルポルフィリン（CuTPP）を混合吸着させると，Au(111)面上では2つの分子が相分離した状態が観察されたのに対し，再配列したAu(100)面上では各分子が一列おきに規則的な交互配列構造を形成することが明らかとなった[43]．図9.4(a)に示されるように，得られたSTM像はCoPcの中心が明るく，一方のCuTPP分子は暗いドーナツ状の形状を示しており，2つの分子を明瞭に識別している．これは下地の原子配列の影響を受けた結果と考えられ，後の論文で筆者らはCoPcとCuTPP分子が再配列したAu(100)表面の原子列に沿ってそれぞれ金原子の低いところと高いところに選択的に吸着していることを突き止め，各分子と下地原子の相関を明らかにしている（図9.4(b)）[44]．言い換えれば，再配列構造を持つAu(100)基板がCoPcとCuTPP交互配列構造を形

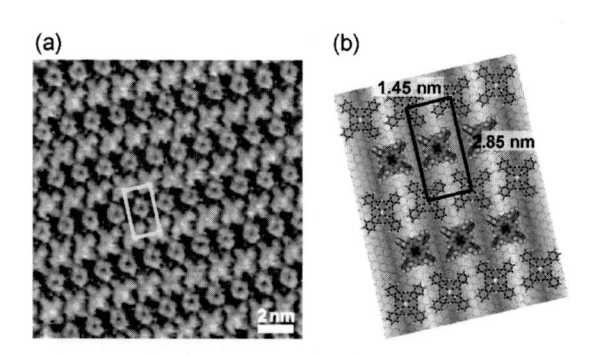

図9.4 (a)再配列したAu(100)面上に規則正しく交互に配列したCoPcとCuTPPの混合膜の高解像STM像（15×15 nm^2）と(b)その吸着構造モデル図

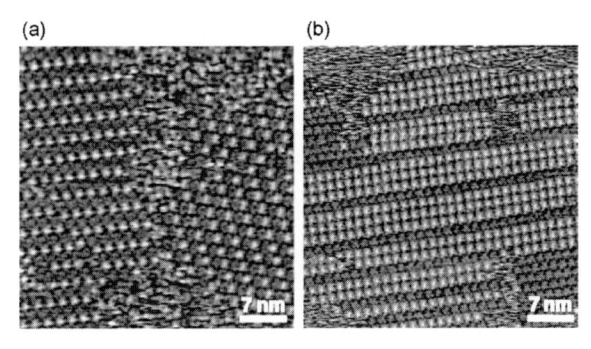

図9.5 0.1 M HClO$_4$ 中で観察された Au(111) 面上に交互配列した CoPc と CuOEP の混合膜の STM 像（40×40 nm^2）．(a) 0.85 V, (b) 0.65 V（vs. 可逆水素電極）基板電位の制御により，その配列構造を制御可能である．

成するためのテンプレートとして機能している．さらにコバルトフタロシアニン（CoPc）と銅オクタエチルポルフィリン（CuOEP）の組み合わせによる混合膜では，Au(111) 面上で交互に配列した構造を形成することが明らかとなった[45]．得られた STM 像は CoPc の中心が明るく，一方の CuOEP 分子は暗いドーナツ状の形状を示しており，2つの分子は明瞭に識別される．このような2つの分子の中心の明るさの違いは，中心金属のd電子の数の違いによるものである[21]．STM では表面の電子状態を観察しているので，中心金属のd電子，特にZ軸方向の d_{z^2} 軌道の占有電子数（コバルトは1電子占有，銅は2電子占有）が反映されると考えられている．バイアス電圧の条件にもよるが，ニッケル（d^8），銅（d^9），亜鉛（d^{10}）は中心金属部分が暗く観察される．図9.5(a)に示されるように CoPc と CuOEP の分子列が交互に配列している様子が鮮明に観測される．さらに電極電位によって集合状態の精密な制御が可能であることも見出された．電位をやや負側へ保持すると交互に配列していた規則構造は変化し，CoPc と CuOEP のドメインに相分離を生じる．電極電位を厳密に制御すれば，図9.5(b)に示されるように，CoPc の3分子列おきに CuOEP の1分子列が規則的に繰り返されるような構造体の形成が可能である．一方，中心金属が同一である場合についても検討を行った．亜鉛イオンが配位した ZnPc と ZnOEP の混合膜について種々の濃度や吸着時間での溶液中からの単分子膜の作製を行った．この場合，交互に配列する条件も見出されているが，CoPc と CuOEP の混合系とは異なり，ライン状の配列，チェス盤状配列，不規則構造などいくつかのパターンに分類された[46]．相分離が生じる要因はいくつか考えられるが，電極電位の変化によって分子-基板間の相互作用が弱められ，2種の分子の化学構造の違い，あるいは中心金属の違いが相分離を促進すると考えられる．中心金属イオンの異なる異種分子を用いた金属表面上への2次元組織化膜は，下地基板の原子配列，吸着時間やその濃度，混合する分子の組み合わせ，電極電位に大きく影響され，分子素子開発に大きなブレークスルーを与えるものと期待される．

第9章 表面における金属錯体の分子集合とその展開

9.5 フラーレン・ポルフィリン超分子界面

ポルフィリンとフラーレンのπ-π相互作用による超分子形成は，光誘起電子移動反応制御や光電子デバイスの観点から広く研究されている[47,48]．特にポルフィリン単分子膜とのフラーレン分子の超分子形成は，表面科学的にも真空中をはじめ，筆者らも溶液中から分子膜を作製しその構造評価と電気化学的な挙動の相関を調査している．その超分子形成を理解するために，亜鉛オクタエチルポルフィリン（ZnOEP）単分子膜を作製した後，さらにフラーレン分子の吸着を試みた．過塩素酸中に導入してSTM観察を行ったところ，ZnOEP単分子膜と同じ分子間距離を持つフラーレンC_{60}の高配向膜が形成されており，ZnOEP単分子膜上に1:1でC_{60}が超分子形成していることを示唆した[49]．さらにこの方法は，開口フラーレン[50]やフェロセンを連結させた非対称フラーレン[51]にとっても有効な方法である．特に開口フラーレンはその開口部位にキノン部位を有しており，電気化学的な応答（溶液とのプロトン反応）を示すため，表面状態の電気化学的なモニター分子として役に立つ．開口フラーレンがAu(111)表

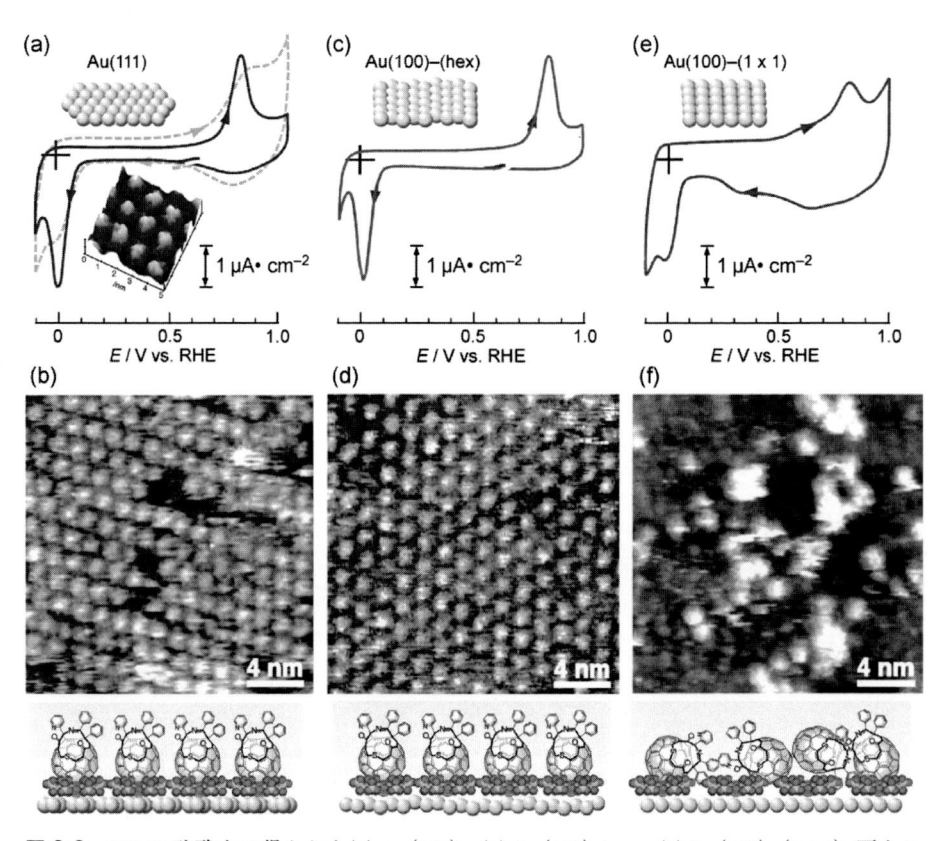

図9.6　0.05 M硫酸中で得られた(a) Au(111)，(c) Au(100)-hex，(e) Au(100)-(1×1) 面上に形成されたZnOEP単分子膜上に吸着した開口フラーレン分子の電気化学挙動と（b, d, f）そのSTM像．下段はそのモデル図．

面に直接吸着したときにはランダムな吸着状態しか観察されず,そのときのキノン由来のボルタモグラムは不明瞭である（図9.6(a)中の破線）.一方,ZnOEP単分子膜をテンプレートとして用い開口フラーレンを吸着すると,明瞭な電気化学応答を示すことから,開口フラーレンはその電気化学活性な開口部位を溶液中へ向けて配向していることが示された.これはSTM観察によっても支持される.図9.6(a)に示されるように,高解像STM像中には各フラーレン分子の中に突起のようなものが解像されている.これらは開口部に位置するフェニル基やピリジル基であると考えられる.2電子2プロトン反応としてボルタモグラムのピーク面積から見積もられた電気量とSTMから計算された表面吸着量はよく一致した.しかしポルフィリン単分子膜上に吸着したフラーレン類はトンネル電流やバイアス電圧にとても敏感であり,観察には注意深い操作が要求される.例えばここでは割愛するが,トンネル電流を30 pAから2.0 nAへステップさせると,最上層のフラーレン分子は探針によってはじき飛ばされ,下地のZnOEP単分子膜が観察される.言い換えれば,この結果はポルフィリンとフラーレンの相互作用はかなり弱いことを示しているとともに,ZnOEP単分子膜上に1:1でフラーレン分子が規則正しく配向していることを証明している[50].このような弱い相互作用は,Ag(111)上に特異的な構造を形成したシアノ基を有するポルフィリン誘導体単分子膜上のC_{60}分子でも観察されている[52].また市販のディスク電極のように表面が原子レベルで規定されていない場合（多結晶電極）は,その電気化学応答は全く観測されないことから,下地となるZnOEPが高配向な単分子膜を形成することが重要であることを示している.さらに原子配列の異なるAu(100)面を用いることによって,第1層目のポルフィリン分子の吸着構造の精密制御がフラーレン分子との超分子形成に大きく影響することも明らかとなってきている[53].つまりZnOEP分子の配列が異なると第2層目のフラーレン分子の超分子形成がうまくいかず,表面でアグリゲーションを起こしてしまう.下地となる基板,あるいは分子配列に対するフラーレンの超分子形成の相違は,構造規制された界面の重要性を再認識させる結果である.フェロセンが連結されたフラーレンもZnOEP単分子膜上で明瞭な酸化還元応答を示す.この場合,プロトン化のような溶液側からの反応は関与しないが,ZnOEP単分子膜との超分子の形成によってフラーレン自身が酸化的に金表面から脱離する反応を抑止していると考えられ,分子の配向制御が電気化学応答にクリアに反映される.この手法は新しい修飾電極の作製方法として確立されつつある.

さらに先に述べたZnPcとZnOEPの混合膜は,作製条件によってはこれらの分子が交互に配列した,いわゆるナノチェス盤状の安定な構造体を形成する.このナノチェス盤をテンプレートにしてフラーレンC_{60}分子の選択的な吸着を試みた.フラーレン分子はZnOEP分子の上に選択的に吸着するのではなく,図9.7に示すように,ZnPcとZnPc分子の間に位置しているのがわかる.さらに被覆率を高くすると,C_{60}分子はZnPcのプロペラ部分に位置し,ZnOEP分子の上には乗らないことが明らかとなった[46].このことは,2種の分子が表面であ

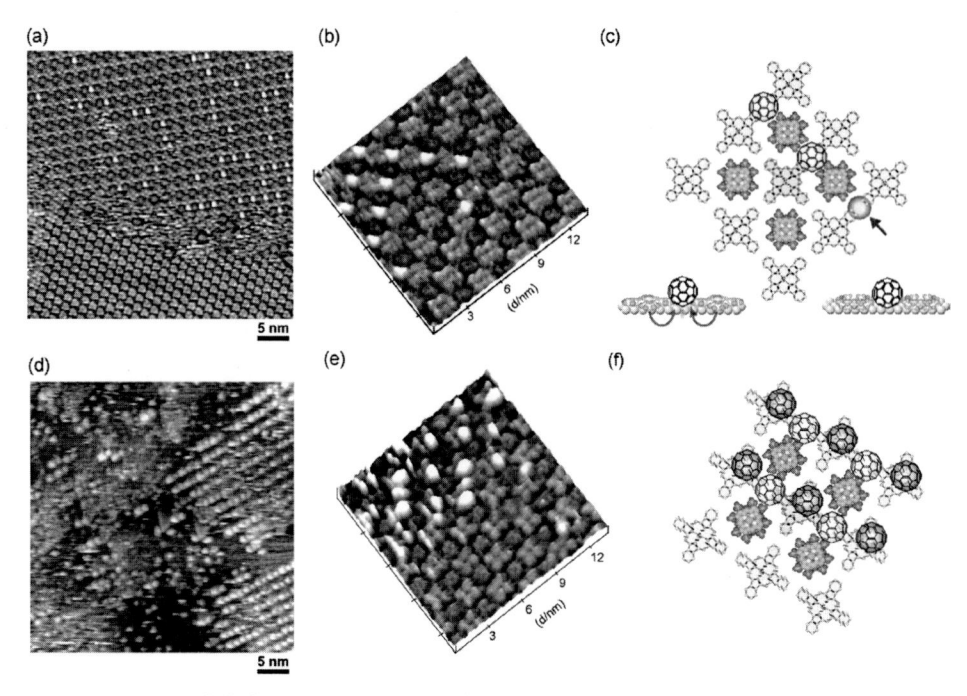

第9章　表面における金属錯体の分子集合とその展開

図9.7　0.05 M 過塩素酸中で得られた Au(111) に形成された ZnPc と ZnOEP の混合単分子膜上に吸着した C_{60} 分子の STM 像（a, d）広範囲，（b, e）高解像 3D 表示，（c, f）(b)および(e)のモデル図．

る種の安定な構造を形成することによって，分子間の相互作用が変化することを意味している．ポルフィリンやフタロシアニンが金表面に吸着することによって，わずかに露出している金サイトの電子供与性が増強され，アクセプター分子であるフラーレンはより電子リッチな部分をめがけて吸着すると考えられる．

9.6　おわりに

　表面上での分子集合や集積の研究について，筆者の視点から現状を述べた．化合物が複雑で多機能になればなるほどその付加価値も高くなるが，一方でその構造の複雑化や高分子量化にともない，分子を表面にいかにして導入するか，集積するかがポイントになりつつある．真空中では熱を基板に与えて吸着（蒸着）を行うが，分子サイズが大きくなればそれだけ熱分解の可能性も高くなる．溶液からの吸着も溶媒に対する溶解度の低下が起こるため，違う意味の問題を抱えることになる．そこでそれぞれの骨格に相当するパーツ（ビルディングブロック）を表面で直接組織化（合成）させることが重要になるわけであるが，基板表面上では特に第1層目は基板との間に少なからずとも相互作用が働くため，分子間の相互作用だけを利用するのは容易ではない．種々の結合様式による分子の組織化に関する表面科学研究はいずれも理想的な

超高真空中で得られた成果であるが，まだまだ数分子から数十分子の集合体形成に過ぎず，今後はいかに大面積の2次元あるいは3次元構造体を作り出すかが特異的な物性発現に結び付ける鍵となる．それに応じて他のSPMによる物性評価を含め，分光法やその他の表面解析法を併用したより多角的な検討も考慮することが必要である．

謝辞

　本成果の一部は，文部科学省科学研究補助金（若手研究B），文部科学省科学技術振興調整費の「若手研究者の自立的研究環境整備促進」プログラムの援助によるものである．また本項で紹介した成果は主に東北大学大学院工学研究科の板谷謹悟教授の研究室の元で得られたものであり，一緒に研究を推進して頂いた板谷研究室の卒業生の皆さんにもこの場を借りて御礼申し上げます．

〈参考文献〉

1) J. C. Love *et al.*, *Chem. Rev.*, **105**, 1103 (2005)
2) M. Kind *et al.*, *Prog. Surf. Sci.*, **84**, 230 (2009)
3) G. de la Torre *et al.*, *Chem. Commun.*, 2000 (2007)
4) 廣橋　亮ほか，機能性色素としてのフタロシアニン，アイピーシー (2004)
5) E. Yeager, *Electrochim. Acta*, **29**, 1527 (1984)
6) J. P. Collman *et al.*, *Angew. Chem., Int. Ed.*, **33**, 1537 (1994)
7) J. V. Barth *et al.*, *Nature*, **437**, 671 (2005)
8) L. bartels, *Nature Chem.*, **2**, 87 (2010)
9) K. Itaya, *Prog. Surf. Sci.*, **58**, 121 (1998)
10) O. M. Magnussen, *Chem. Rev.*, **102**, 672 (2002)
11) S. Yoshimoto, *Bull. Chem. Soc. Jpn.*, **79**, 1167 (2006)
12) T. Kudernac *et al.*, *Chem. Soc. Rev.*, **38**, 402 (2009)
13) A. Ciesielski *et al.*, *Adv, Mater.*, **22**, 3506 (2010). (DOI：10.1002/adma.201001582)
14) K. Sugiura *et al.*, *Chem. Lett.*, 1193 (1999)
15) O. Shoji *et al.*, *J. Am. Chem. Soc.*, **127**, 8598 (2005)
16) S. Yoshimoto, K. Itaya, *J. Porphyrins Phthalocyanines*, **11**, 313 (2007)
17) S. Yoshimoto *et al.*, *Struct. Bond.*, **135**, 137 (2010)
18) H. Tanaka, T. Kawai, *Nature Nanotechnol.*, **4**, 518 (2009)
19) P. H. Lippel *et al.*, *Phys. Rev. Lett.*, **62**, 171 (1989)
20) T. A. Jung *et al.*, *Science*, **271**, 181 (1996)
21) X. Lu *et al.*, *J. Am. Chem. Soc.*, **118**, 7197 (1996)
22) K.W. Hipps *et al.*, *J. Phys. Chem.*, **100**, 11207 (1996)
23) Z.H. Cheng *et al.*, *J. Phys. Chem. C*, **111**, 2656 (2007)
24) Y. Wei *et al.*, *J. Phys. Chem. C*, **112**, 18537 (2008)
25) S. Yoshimoto *et al.*, *Langmuir*, **19**, 672 (2003)
26) S. Yoshimoto *et al.*, *J. Phys. Chem. B*, **108**, 1948 (2004)
27) S. Yoshimoto *et al.*, *Langmuir*, **23**, 809 (2007)

28) S. Yoshimoto *et al.*, *Chem. Commun.*, 500 (2006)
29) S. Yoshimoto *et al.*, *Chem. Commun.*, 2174 (2003)
30) S. Yoshimoto *et al.*, *J. Am. Chem. Soc.*, **126**, 8020 (2004)
31) T. Yokoyama *et al.*, *Nature*, **413**, 619 (2001)
32) T. Yokoyama *et al.*, *J. Chem. Phys.*, **121**, 11993 (2004)
33) L. Grill *et al.*, *Nature Nanotechnol.*, **2**, 687 (2007)
34) Z. Shi and N. Lin, *ChemPhysChem*, **11**, 97 (2010)
35) Z. Shi and N. Lin, *J. Am. Chem. Soc.*, **131**, 5376 (2009)
36) M. Kunitake *et al.*, *Langmuir*, **11**, 2337 (1995)
37) N.T.M. Hai *et al.*, *J. Phys. Chem. C*, **112**, 10176 (2008)
38) Y. He *et al.*, *J. Am. Chem. Soc.*, **124**, 11964 (2002)
39) K. Sato *et al.*, *Electrochem. Commun.*, **8**, 725 (2006)
40) S. Yoshimoto *et al.*, *J. Am. Chem. Soc.*, **130**, 15944 (2008)
41) K.W. Hipps *et al.*, *J. Am. Chem. Soc.*, **124**, 2126 (2002)
42) L. Scudiero *et al.*, *J. Phys. Chem. B*, **107**, 2903 (2003)
43) K. Suto *et al.*, *J. Am. Chem. Soc.*, **125**, 14976 (2003)
44) K. Suto *et al.*, *Langmuir*, **22**, 10766 (2006)
45) S. Yoshimoto *et al.*, *J. Am. Chem. Soc.*, **126**, 8540 (2004)
46) S. Yoshimoto *et al.*, *J. Am. Chem. Soc.*, **130**, 1085 (2008)
47) M. E. El-Khouly *et al.*, *J. Photochem. Photobiol. C: Photochem. Rev.*, **5**, 79 (2004)
48) P. D. W. Boyd *et al.*, *Acc. Chem. Res.*, **38**, 235 (2005)
49) S. Yoshimoto *et al.*, *Chem. Lett.*, **33**, 914 (2004)
50) S. Yoshimoto *et al.*, *Angew. Chem., Int. Ed.*, **43**, 3044 (2004)
51) S. Yoshimoto *et al.*, *Langmuir*, **20**, 11046 (2004)
52) H. Spillmann *et al.*, *Adv. Mater.*, **18**, 275 (2006)
53) S. Yoshimoto *et al.*, *J. Phys. Chem. B*, **109**, 5847 (2005)

索　引

【英数】

BINAP ……………………………… 47
d-π相互作用 ……………………… 64
LUMO ……………………………… 114
PCBM ……………………… 98, 113, 114
SEM ………………………………… 115
SIMEF ………………………… 111, 114
TTF（テトラチアフルバレン）……… 60
π-π相互作用 ……………………… 100
π-スタッキング …………………… 59

【ア】

アザポルフィリン …………………… 63
アスコルビン酸 ……………… 107, 108
アゾベンゼンチオラート …………… 47
アノード電流 ………………… 107, 108
アポフェリチン ……………………… 11
アルカンチオール ………………… 109
アロステリズム ……………………… 69
鋳型 …………………………… 59, 91
異原子ドープ ……………………… 49
移動度 ………………………… 110, 114
インターカレーション ……………… 65
インターロック ……………………… 65
液晶 …………………………… 98, 100
エネルギー変換効率 ……………… 116
エレクトロクロミック物質 ………… 122
エレクトロスプレーイオン化法 …… 45

【カ】

開放電圧 ……………………… 114, 116
化学修飾 …………………………… 97
核酸塩基 …………………………… 61
カソード電流 ………………… 107, 108
カラムナー液晶 ……………… 100, 103
カルボン酸 …………………… 99, 107
機能性材料 ………………………… 66
機能性有機配位子 ………………… 47
逆相クロマトグラフィー …………… 49
求核置換反応 ……………………… 114
キュービック液晶 ………………… 106
共役系高分子 ……………………… 71
巨大蛋白質 …………………… 5, 14
キレート効果 ……………………… 109
金クラスター ……………………… 43
銀クラスター ……………………… 52
金属-金属間相互作用 ……………… 62
金属錯体集積 ……………………… 10
金属微粒子合成 …………………… 8
銀ドープ …………………………… 50
グリニャール試薬 ………………… 114
グルタチオン ……………………… 45
蛍光量子収率 ……………………… 106
ゲスト ……………………………… 98
結晶性薄膜 ………………………… 110
結晶粒径 …………………………… 110
月面着陸船 ………………………… 107
原子間力顕微鏡（AFM）…………… 73

コア・シェル型……………………103
高感度センサー……………………53
高速液体クロマトグラフィー…………44
光電流発生素子……………………107
高分子錯体…………………………123
混合原子価状態……………………60
コンタクト改善……………………108

【サ】
サイズ排除クロマトグラフィー………48
酸化重合……………………89, 91
三次元液晶…………………………106
三次元箱型錯体……………………58
三重項励起状態……………………107
シクロデキストリン………………47
シクロフェナセン…………………106
刺激応答性…………………………103
自己組織化…………………………57
自己組織化単分子膜…99, 107, 108, 109
仕事関数……………………………108
ジスルフィド………………………109
質量分析……………………………44
ジメチルホルムアミド……………114
シャトルコック液晶分子…100, 101, 102
集積…………………………………66
柔粘性結晶…………………………106
シリカ………………………………93
スピンクロスオーバー……………64
スピン-スピン相互作用……………64
スメクチック液晶……………104, 105
静的分子認識………………………69
精密合成……………………………43
静電相互作用………………………64
双極子モーメント…………………59

走査型トンネル顕微鏡……………131
相分離………………………98, 113, 114
疎水性相互作用……………………59
ソフトマテリアル…………………100

【タ】
多環芳香族分子……………………57
多孔性金属錯体……………………83, 84
単結晶X線構造解析………………106
単電子デバイス……………………53
蛋白質結晶…………………………19
蛋白質集合体………………………6
蛋白質ナノ空間……………………10
単分子鎖……………………………92
短絡電流密度………………………116
チオール……………………………99
チオラート…………………………43, 44
超音波………………………………32
超好熱性蛋白質……………………17
超分子ゲル…………………………29
ディスプレイ材料…………………122
テクスチャ…………………………107
鉄ポルフィリン……………………16
テトラポッド構造体………………14
転移エンタルピー…………………104
電荷分離……………………………112
電荷分離界面………………………113
電荷分離状態………………………107
電気化学界面………………………135
電子移動……………………………114
電子供与体…………………………113
電子顕微鏡…………………………73
電子受容体…………………………97, 112
電子親和力…………………………97

電子ペーパー……………………… 119
テンプレート………………………… 59
動的分子認識………………………… 69
導電性………………………………… 91
導電性高分子………………………… 76
導電フィルム………………………… 53
透明酸化物電極……………………… 99
ドロップキャスト膜……………… 106

【ナ】
ナノ空間………………… 6, 83, 85, 86, 91
二官能性分子………………………… 99
ヌクレオチド………………………… 61
熱結晶化………………………… 110, 114
熱転移………………………………… 93

【ハ】
配位化学……………………………… 5
バイオ診断…………………………… 53
八重極子…………………………… 106
発光特性……………………………… 52
パラジウムドープ…………………… 49
バルクヘテロ接合………………… 113
光応答性……………………………… 48
光誘起電荷分離…………………… 108
表面修飾…………………………… 109
ピレン……………………………… 103
フィルファクター………………… 116
フェリチン…………………………… 8
フェロセニウムカチオン………… 107
フェロセン………………………… 103
フタロシアニン…………… 132, 136
部品蛋白質…………………………… 14
フラーレン…………………… 97, 138

分子テンプレート…………………… 6
粉末X線回折測定………………… 101
平面状金属錯体……………………… 62
ヘキサゴナルカラムナー構造…… 100
ヘテロ接合………………………… 112
ホスト……………………………… 98
ホスホン酸…………………… 99, 108
ポリアクリルアミドゲル電気泳動… 44
ポリアセチレン……………………… 89
ポリアニリン（PANI）……………… 76
ポリチオフェン…………………… 113
ポリピロール………………… 90, 91
ポルフィリン……… 132, 134, 136, 138
ポルフィリン金属錯体……………… 63

【マ】
ミオグロビン結晶…………………… 21
ミクロ相分離……………………… 100
ミセル……………………………… 106
メタル化アミノ酸………… 28, 30, 38
メタル化ペプチド………… 25, 28, 32
メタロメソゲン…………………… 103
メチルビオロゲン…………… 107, 108
モルフォロジ制御………………… 111

【ヤ】
有機エレクトロニクス……………… 97
有機／金属ハイブリッドポリマー
　　　　　………………………… 119, 123
有機薄膜太陽電池………… 97, 111, 115
溶媒抽出……………………………… 44
予備組織化…………………………… 70

【ラ】

ラジカルアニオン……………………… 107
ラジカル重合………………………85, 86
ラビング………………………………… 106
リオトロピック液晶…………………… 101
立体規則性………………83, 85, 86, 89
立体保護効果…………………………… 109
リンカー………………………………… 101
励起子…………………………………… 113
励起子の拡散長………………………… 113

金属と分子集合──最新技術と応用──

2010年11月30日　第1刷発行

監　修	松尾　豊	(R0501)
発行者	辻　賢司	
発行所	株式会社シーエムシー出版	
	東京都千代田区内神田 1-13-1（豊島屋ビル）	
	電話 03(3293)2061	
	大阪市中央区南新町 1-2-4（椿本ビル）	
	電話 06(4794)8234	
	http://www.cmcbooks.co.jp/	
編　集	江幡雅之／町田　博	

〔印刷　倉敷印刷株式会社〕　　　　　　　Ⓒ Y. Matsuo, 2010

定価はカバーに表示してあります。
落丁・乱丁本はお取替えいたします。

本書の内容の一部あるいは全部を無断で複写（コピー）することは，法律で認められた場合を除き，著作者および出版社の権利の侵害になります。

ISBN978-4-7813-0292-8　C3043　¥30000E